第三版

纺织服装高等教育"十三五"部委级规划教材

STYLES OF FASHION DESIGNING

时装设计风格

陈彬 著

U0377680

东华大学出版社·上海

内容简介

本书以年代为主轴分成八章，在 20 世纪所发生的主要风格基本以十年作一章，这是本书的重点。每章节包括四方面的内容：风格产生的相关历史背景、在服装上的具体表现（风格、造型、款式、色彩、图案、材质、配饰等）、产生后的流行演变、设计师对此风格的不同诠释。作者以时装设计的风格为切入点，选取影响当代时装设计的一些具有代表性的风格，对其各个方面做了细致、深入的剖析，理清其来龙去脉和发展状况，并结合设计师的作品进行分析。书中围绕一个风格，引用了大量的历史相关照片和设计师作品实例，力图完整和系统地分析此风格的具体内容，并提出了一些新的观点。

本书具有观点新颖、图文并茂、贴近潮流等特点，既有一定的理论高度，又通俗易懂。可作为我国高等院校服装设计专业本科和研究生教学用书，对从事时装设计、配饰设计、时装专业相关从业者和已具备时装设计基本知识的时装艺术爱好者也是一本有益的参考读物。

图书在版编目（CIP）数据

时装设计风格／陈彬著—3 版 . —上海：东华大学出版社，2019.3

ISBN 978-7-5669-1539-9

Ⅰ．①时… Ⅱ．①陈… Ⅲ．①服装设计 Ⅳ．① TS941.2

中国版本图书馆 CIP 数据核字 (2019) 第 009068 号

责任编辑　　杜亚玲

封面设计　　比克设计

时装设计风格（第三版）

SHIZHUANG SHEJI FENGGE

陈　彬　著

出　　版：东华大学出版社（上海市延安西路1882号，200051）

网　　址：http://dhupress.dhu.edu.cn

天猫旗舰店：http://dhdx.tmall.com

印　　刷：上海龙腾印务有限公司

开　　本：889 mm × 1194 mm　1/16　印张：10.75

字　　数：380千字

版　　次：2019年3月第3版

印　　次：2021年7月第2次印刷

书　　号：ISBN 978 - 7 - 5669 - 1539 - 9

定　　价：69.00元

编者的话

法国著名设计师 Coco Chanel 有句名言：时尚会变化，而风格永存。风格是时装中呈现出的具有代表性的特点，表现为形式的美感和设计的独特。风格是时装品牌的精髓所在，是时装设计的灵魂，是设计师独到的创作思想体现。没有风格的时装缺乏特色和生机，容易在时尚的潮起潮落中被快速淹没。

20 世纪是时装风格不断变化、快速发展的时代，尤其是产生于 20、40、50、60、70、80 和 90 年代的诸多风格和特点至今仍影响着时装界，并在众多设计师的作品中持续表现出来。起始于 20 世纪末的混搭 (Mix & Match) 设计手法更成为一股强劲风潮，广泛运用于当今的时装设计领域。我们在 John Galliano、Alexander McQueen 等许多时装设计师作品中可以注意到，不同年代、不同时期的风格互相渗透和融合，涌现出不同于过去和历史的新时尚、新风格，这种混搭设计手法正是基于对以往时装风格的挖掘和再造，不是简单重复而是在旧有风格基础上融入最新设计理念进行再开发、再创造。因此如何正确理解时装设计的风格有助于辨别当今变幻莫测的时尚潮流，有助于对世界时装设计师风格和品牌的整体把握。

本书以时装设计的风格为切入点，选取影响当代时装设计的一些具有代表性的风格，对其各个方面做了细致、深入的剖析，理清其来龙去脉和发展状况，并结合设计师的作品进行分析。本书作者从事时装设计教学研究近二十载，深知时装设计中风格把握的重要性，将多年来在教学和设计实践中的探索和思考汇编成册，希望对时装设计专业学生、从业者和时装艺术爱好者以有益的启迪。

本书以年代为主轴分成 8 章，在 20 世纪所发生的主要风格基本以十年作一章，这是本书的重点。每章节包括四个方面的内容：风格产生的相关历史背景、在服装上的具体表现（风格、造型、款式、色彩、图案、材质、配饰等）、产生后的流行演变、设计师对此风格的不同诠释。书中围绕一个风格，引用了大量的历史相关照片和设计师作品实例，力图完整和系统地分析此风格的具体内容，这正是作者在本书中所力求体现的特色。由于作者参阅了大量的欧美原著和杂志，对于本书主要涉及的人名基本采用英语原文，以避免因相关名称的较为混乱翻译而给读者带来的困惑。

本书的读者包括已具备时装设计基本知识的时装设计专业学生、时装设计师、时装艺术爱好者和时装专业从业者。

陈　彬

目录

第一章 哥特时期、古典主义和浪漫主义的时装风格

第一节 哥特风格时装

一、哥特风格产生的相关背景

中世纪罗马帝国时期，君士坦丁大帝于公元 330 年迁都拜占庭，至 4 世纪末，帝国分为东、西罗马帝国。4 世纪起，由哥特人、匈奴人、盎格鲁人、撒克逊人、法兰克人等组成的日耳曼部落横扫西罗马帝国，公元 476 年西罗马帝国被彻底摧毁，灿烂的古罗马文明随之结束，取而代之的是这些部落的习俗文化。12 世纪起，西欧步入了封建社会的鼎盛时期，经济复苏、城市繁荣、商业兴旺、宗教活跃，并开始酝酿资本主义的启蒙。此时各地争相兴建教堂，并且大加装饰美化，将此作为身份和地位象征，于是出现了以建筑为主体，包括装饰绘画和雕塑的艺术风格——哥特风格。

哥特一词源于早期欧洲一个名叫西哥特的欧洲北方游牧部族，这个部族以破坏和掠夺为生，以无知和缺乏品味著称。受基督教的影响，这些部落在宗教上推行禁欲主义。历史上将西罗马帝国灭亡至文艺复兴（14 至 16 世纪）开始，约长达 1000 年的历史时期称为"中世纪"。"中世纪"是文艺复兴时期崇尚古希腊、古罗马文化的意大利史学家对这段历史时期的贬称，他们认为这千年是处于古代文明与复兴之间的黑暗年代。哥特艺术（12 至 15 世纪）则是中世纪艺术的代表，在中世纪后艺术家们眼里，哥特这个词意味着艺术的倒退、粗野、不开化。"哥特式"一词最早出现在意大利著名画家拉斐尔写给教皇利奥的信中，借以批评文艺复兴运动之前中欧和北欧的建筑样式。意大利著名建筑师与画家乔吉欧·瓦萨里认为，那些哥特人大多是野蛮的，他们见解粗鲁，缺乏审美教养，却别出心裁地搞出些大尖顶与小尖顶建筑物，还装饰些奇怪的花边。

1. 哥特建筑艺术

哥特式建筑始于 12 世纪 40 年代的法兰西，在 13 至 14 世纪传播至英国、德国，北欧、中欧各地，其影响力一直延续至 15 世纪。从 12 世纪到 16 世纪

图 1-1-1 巴黎圣徒小教堂内景

早期，绘画、音乐、小说、雕刻、玻璃制品、装饰物以及服装上都被贴上了哥特艺术的标签，其中 13 世纪的一百年是哥特建筑艺术表现辉煌时期。

哥特建筑师深受伊斯兰文化的影响，摒弃了罗马式的圆筒形屋顶，而创造出带肋拱顶结构，使建筑结构不必全由外墙和柱子承担，如此大幅的玻璃窗洞占据着拱柱下的所有空间，采光更好。总体上，哥特式艺术特征是"怪异、变化、无穷、奇妙"等，通过频繁使用纵向延伸的线条，使建筑高耸入云，使人有置身于天国感受，如尖顶建筑，四根大柱支撑高高的拱顶，由此产生出直线和流线型的外观效果。作为哥特艺术的一大特征，呈锐角的拱窗还成为画家的绘画天地，油画由画家凡·爱克兄弟（Van Eyck）发明并用于玻璃上，彩绘玻璃的使用透过阳光的照射使教堂高旷的内部空间似"天堂世界"，在阴暗的室内交汇成奇异景象（图 1-1-1）。

图 1-1-2 带有性感成分的哥特风格女装
图 1-1-3 呈倒三角形外形，作品掺入了中世纪骑士、女伯爵服饰元素
图 1-1-4 沉重浓烈的哥特风格设计融入了街头元素
图 1-1-5 凸起的袖肩，Guy Laroche2015 年秋冬哥特风格设计

从现代角度来看，哥特艺术并不像当初艺术家所形容的那样一无是处。相反，有很多相当有造诣的作品保留了下来并影响着后世，例如建于 14、15 世纪的牛津和剑桥大学、科隆大教堂等。

2. 哥特风格女装

在漫长的中世纪，基督教所倡导的禁欲使女装脱离了女性体形曲线表现，裙装造型宽大，裸露部分甚少。同时哥特建筑风格对当时的女装产生了相当的影响，女装出现了与高耸入云的塔尖形建筑相协调的外形。虽然如此，但 12 至 15 世纪的哥特式服装无疑在中世纪服饰中最具特色。

哥特时期女装廓型一般上身合体，下身逐渐宽敞。衣袖较有特色，多为半长袖的喇叭口状，露出内袖。袖形呈蝙蝠状，上臂宽松，肘部以下收紧，有的袖子腋下或臂弯处开口，使胳膊能自由伸出。一般领口、袖口和下摆均有饰边。腰部无接缝，腰带系得很高。日常主要款式裙装外形修长，下摆多褶，造型肥大呈喇叭状，裙后摆部分较长，走动时需托起以免碰地面。

二、哥特风格时装设计解析

1. 风格（图 1-1-2）

哥特服饰丰富多样，因其中世纪的历史背景而带有神秘色彩。在现代哥特风格女装中，设计师力求塑造具奇特、诡异、阴森、凄凉，甚至恐怖血腥气氛。整体设计呈现夸张和另类效果，并带有明显的中性感。

2. 造型

哥特风格服装总体上合体紧身，以显示身材比例的完美性。女装受当时基督教和呈"锐角三角形"的哥特建筑影响，不刻意表现女性的体形曲线，造型尖俏奇特，以直线和流线型为主，如倒三角形、筒形和喇叭形，着力强调肩部的突出效果，贴体的上装体现穿着者修长感觉（图 1-1-3）。

3. 款式（图 1-1-4）

款式设计结合造型展开，结构复杂。借鉴传统长及地面的罩衫款式，大多采用短装配长裙，裙身极长，甚至拖地，裙摆向外展开。裙腰多堆褶，使腹部凸起似孕妇样式。近乎拖地的长袍、紧身的瘦腿裤也是主要款式。

肩部

肩部是设计重点，常采用立裁法和高垫肩，向上凸起袖肩。因与哥特风格建筑上"锐角三角形"相称，在服饰的细节处理上均出现带角的造型，如呈尖形和锯齿的衣服下摆设计、高耸的立领或荷叶领结构（图 1-1-5）。

袖

两臂缀有长长的垂袖，形成上紧下松的喇叭口造型，与裙摆相呼应。

细节

服装上的分割线、装饰线多采用纵向的、垂直的线条，此外采用高腰结构等手法加强视觉的高耸感。以衣料褶皱堆砌出的层叠效果突出了哥特风格的繁复，并增添了一丝奢华。配合中世纪感觉的胸前交叉的绳扣和捆绑束腰结构，拉长了人体的视觉形象，凸现哥特风格特点（图1-1-6）。

4. 色彩（图1-1-7）

色彩分两大类：①各类黑色系列。受宗教思想影响，哥特风格常用色彩为深浅不一的黑色，神秘、庄重的黑色最能传递哥特风格的精髓。②各类纯色。哥特式教堂窗户上的各式宗教题材玻璃镶嵌画，色彩纯正浓郁，以此为灵感的色彩设计常选以纯色系列，但降低了明度和纯度，如深藏蓝、暗红等。

在色彩运用中常以左右不对称式，如衣身、衣袖、裤袜等，以强调对比效果。现代设计师常以各色面料进行穿插，以使色彩具有透叠感，表现哥特风格的虚幻效果。

5. 材质（图1-1-8）

传统哥特风格女装以丝绸、亚麻和细棉布为主，而现代哥特风格女装表现注重视觉刺激效果材质，如透视效果的蕾丝、网眼状面料，隐约透出白皙的肤色。另外皮革、PVC、橡胶、乳胶、绸缎、天鹅绒等也是主要材质，设计师常利用面料的遮与露、厚与薄、光与毛之间的对比体现哥特风格独特氛围。为体现哥特风格，各类非常规材质也被用于设计中，如绳子、铆钉等。

6. 配饰

主要配件如鞋子、帽子均呈现锐角三角形造型，这源于基督教精神，以长度和高度来表现身份和地位，如尖头鞋、尖顶高帽。除此之外还有长头巾、披肩、斗篷、长手套、面纱等。

在现代时装设计中，为烘托哥特风格氛围常采用以下两类配饰：①体现神秘感元素，如十字章（古埃及关于永恒生命的标志）、太阳神之眼、五角星、十字架（基督的象征）等饰品。②来自于街头文化表现，如锁链、铁钉、领带、带钉子的项圈、丝绒绳等。

受哥特风格教堂玻璃镶贴艺术影响，在衣裙、帽子、鞋上均以镶贴装饰。

图1-1-6　高腰结构，Wendy Nicho 2015年春夏哥特风设计　　图1-1-7　哥特风格女装色彩庄重沉闷　　图1-1-8　哥特风格材质表现，Guy Laroche2015年秋冬作品

7. 化妆和发式 (图 1-1-9)

哥特时期女性发式多为圣母式，中分缝梳向两边，将头发辫起至耳之上成轮状，以镶有珠宝的网罩住。后演变为牛角形，眉毛被拔得有型甚至剃掉。现代哥特风格表现中注重渲染其神秘和恐怖气氛，细眉、浓浓的黑眼线、黑色的指甲、深色的口红或黑色唇膏是常见妆容，此而外苍白的皮肤体现僵尸般的效果。发型头饰夸张高耸，有黑发、漂白过的极浅的金发、红发或紫发等。

三、哥特风格时装流行演变 (图 1-1-10)

哥特风格流行主要反映在 20 世纪，尤其是 70 年代在英国兴起的朋克风潮。

70 年代末期出现了朋克与音乐结合的产物——哥特摇滚（Gothic Rock），当时一个重要摇滚乐团 Joy Division 在服装上采用了大量的现代哥特风格元素。例如：带有大量蕾丝的衣服、象征浪漫的玫瑰、坟墓、吸血鬼、女巫、废墟、哥特大教堂等，这些都是哥特服饰的符号象征。这些象征主义元素被很多摇滚乐队和时尚青年男女沿用至今。

80 年代，哥特服饰时尚由哥特音乐风格发展而普及，染黑的长发、苍白的皮肤配紧身黑衣、尖皮靴和大量银饰（多采用早期欧洲和埃及宗教性的设计），黑色摩托皮茄克、黑色紧身牛仔裤、黑色网眼丝袜和黑色飞行太阳镜成为哥特族的注册商标。但是这些有点消极、激进、野蛮、散发着反抗情绪的服饰并不被当时主流时尚设计师所接受。

虽然 90 年代中哥特音乐渐渐失宠，但哥特文化却愈发强大，好莱坞维多利亚式恐怖电影恰在此时复兴，《乌鸦》《剪刀手爱德华》《夜访吸血鬼》等一系列卖座恐怖片为哥特文化注入了新的兴奋点。哥特时尚也巧妙地随之有所改变，发型包括卷发、长直发、高马尾辫，材质有维多利亚式丝绒、花边、皮革和塑料。

2001 年，美国发生"9·11"事件后，带恐怖狰狞意蕴的哥特风格再次成为全球的时尚界关注热点，巴黎主流设计师纷纷推出哥特风格女装，由 Tom Ford 等设计师引领了黑色旋风，到处是强调线条的剪裁与讲究比例的设计（图 1-1-11）。2003 年秋冬哥特风格波及

图 1-1-9　歌手 Siouxsie Sioux 的哥特式发型和妆容

图 1-1-10　带有游牧部落元素的哥特风格表现，Nicholas K2015 年秋冬设计

图 1-1-11　Kenzo2001 年秋冬设计，作品将哥特与民族元素融合在一起

世界各大时装周,如 Gucci 的时装秀上,模特尚未登场,整个环境便在群狼嚎叫及蝙蝠振翅的音响效果中显得"鬼气"十足,走台的模特们脖子上都挂着黑色十字架,扎着黑色宽领带,一系列黑色束腰缎子大衣、黑色斜裁长袍设计,向人们展示出设计师精心准备的哥特风格,优雅而又性感。而意大利设计师 Antonio Marras 将设计灵感延伸至中世纪,作品中混融了多种服饰元素,将中世纪的头饰、配饰、袍服与现代前卫的朋克服饰与装饰结合在一起,显得神秘和时尚(图 1-1-12,图 1-1-13)。

在 2006 年秋冬设计中,Alaexander McQueen 的设计加入了对动物尸体的一些处理,在款式、色彩等方面具有非常明显的哥特风格特征。同期的 John Galliano 则将秀场装饰得像一个充满血腥的刑场,

在设计中运用了锐角三角形和暗红色,外加一些夸张而富有基督教风格的配饰,突出了恐怖的哥特氛围(图 1-1-14)。20 世纪 10 年代以来哥特风虽不是时尚主流,但也不间断流行,如 Givenchy2011 年春夏结合朋克和 21 世纪颓废风格的哥特风格设计,Versace2012 年秋冬推出帅气、硬朗的哥特形象(图 1-1-15)。

图 1-1-14 John Galliano2007 年秋冬的哥特风格妆容

图 1-1-12、图 1-1-13 Antonio Marras2003 年秋冬的中世纪风格设计

图 1-1-15 Versace2012 年秋冬设计

四、哥特风格时装作品分析

1. 街头时尚与哥特混搭表现 (图 1—1—16)

英国设计师 John Galliano 擅长前卫风格表现。在 2007 年秋冬设计中，他为自己同名品牌的设计定名为"最美丽的妖精"，设计玩转于街头时尚和哥特之间，从中可体味出矫揉造作、繁复娇贵以及些许他所着迷的 90 年初期风格，加上 John Galliano 最拿手的结构分割洋装，建构出再迷人不过的百分百巴黎情调。这款深蓝色调裙装呈典型的哥特三角形结构，颈部、胸部和袖侧充斥着层层叠叠的薄纱和丝绒，通过打折、抽褶堆积在一起。设计师配上鲜亮的丝袜与厚重的衣身进行对比，加上妖魔般的化妆和奇异头饰处处散发无比妖娆的神秘贵妇风情。

图 1-1-16　John Galliano2007 年秋冬设计

2. 体现高贵的哥特风格 (图 1—1—17)

这是 2006 年秋冬 Rochas 品牌设计，呈现冷艳、华贵和妩媚。阴冷的邪恶、淡调的高贵、隐世的皇族，是 Rochas 秋冬发布会的服装给人的总体感觉。略显灰白色调的装扮、黑色的眼线、诡异的烟熏眼妆，用黑色发卡塑起的头发，使脸部的颜色和头发的界限更加的分明，设计师 Oliver Theyskens 运用这种设计效果让人感受到了一种威严和压抑，一种不可侵犯的力量，一种可以在瞬间爆发的力量。这款长礼服裙身上收下敞呈锐角三角形造型，裙长及地。嵌入的荷叶边自由散布在领口、衣侧，自然分割出衣身结构。整款以蕾丝、薄纱巧妙重叠，不乏高雅气息，但也交混出神秘、阴冷的哥特味。

3. 诡异的哥特风格表现 (图 1—1—18)

在 2007 年秋冬时装秀中，Alexander McQueen 将触角延伸到冷僻的异教徒和巫术界，在这种幻术的蛊惑下，迷离错乱的气氛弥漫其中。这款设计以神秘的深红色为主调，搭配眩亮的黑色和米色，外套帽领层层叠叠，带出诡异的巫术境界，仿佛暗藏玄机。硬朗的上装分明带有哥特烙印，时髦的超宽腰带和皮质短裙让人嗅出既柔化又刚硬的女强人风尚，现代、古典、异域、时尚，交相辉映，这也是 Alexander McQueen 一贯的设计手法。整体造型上，稍宽松的针织外套由腰带束起，微蓬的超短 A 裙形成完美的 X 造型。与神秘主题丝丝入扣的眼妆，凌厉眉型和粗犷的眼线间抹满浓艳色彩，在眉目间布置下勾心摄魄的迷阵，歌剧般的浓墨重彩，加重了触目惊心。

4. 神秘的中世纪骑士风采 (图 1—1—19)

英国年轻设计师 Christopher Kane 的 2007 年秋冬系列，极具立体感，又不失女性体态美，将折褶元素运用得淋漓尽致。皮革、天鹅绒是主角，这两种个性完全不同的面料在 Kane 手下展现出耳目一新的中世纪哥特风格。这款普通的暗红色皮革短茄克配紧身长裤，内穿黑色高领内衣，神秘而帅气。运用流行的纸折工艺和别出心裁的构思，将女性的优美与帅气融为一体。设计师大胆地用皮革来表现女性感，U 型领口、门襟、衣下摆、袖口均以中世纪宫廷装的风琴褶装饰，粗犷而又细腻，显出设计师非同一般的功力。

图 1-1-15　Versace2012 年秋冬设计

图 1-1-17 Rochas2006 年秋冬设计　　　　图 1-1-18 Alexander McQueen2007 年秋冬设计　　　　图 1-1-19 Christopher Kane2007 年秋冬设计

第二节 古典主义风格时装

一、古典主义风格产生的相关背景

古典主义源于古典艺术，古典艺术通常包括公元前 12 世纪至公元前 4 世纪的古希腊艺术、公元前 8 世纪至公元 5 世纪的古罗马艺术和 14 至 16 世纪旨在复兴古希腊古罗马艺术的意大利文艺复兴时期艺术，这些艺术主要体现出理性、典雅、优美、单纯等审美特征。古典主义是产生于 17 世纪法国的一种艺术思潮，它首先表现在文学和戏剧崇尚理性主义，倡导共性和严格的规范。古典主义同时影响到艺术，在美术中表现为以古希腊和古罗马艺术为楷模，以模仿写实为基本手段，在观察对象的基础上复制美的概念，强调理性和客观，排斥感情和主观。

图 1-2-1 古希腊雕塑

古希腊艺术是西方文明的摇篮，推崇精确的造型、合理的比例和节奏变化。文艺复兴运动以复兴古希腊、古罗马的艺术和准则为目标，在雕塑和绘画作品中，无论在题材还是创作手法上都大量运用古希腊的审美理论，让古典艺术再次回归。17 世纪古典主义的艺术审美标准源于古希腊艺术的创作法则，继承了欧洲文艺复兴运动精髓，并将此审美标准继续发扬光大。

1. 古希腊的建筑与雕塑艺术 (图 1-2-1)

古希腊艺术在公元前 450 年至公元前 410 年达到鼎盛时期，代表古希腊艺术最高水平的建筑和雕塑均产生于这一时期。雅典卫城的巴特农神庙采用围柱式建筑结构，造型各异的希腊柱式富有张力，建筑内部之间形成一定的比例关系，整座建筑富有韵律感和节奏感。古希腊的男性雕像个个身材健美匀称，姿态各异，富有动感，各部位均呈优美比例关系。与此相对照的是椭圆形的脸庞，

图 1-2-2 体现古典主义形式美的古希腊雅典卫城

表情沉着、平静，没有任何富有激情的表现，正如德国美学家 Winckelmann（温克尔曼）对古希腊艺术的评价"静穆的伟大和高贵的单纯"（图 1-2-2）。

数、数学在古希腊人心目中占据了重要地位，无论是建筑还是雕塑，均以数学的关系判断，讲究比例的匀称及和谐，古希腊人发明的黄金分割比例成为古典主义艺术创作的重要手段。

2. 古希腊、古罗马服饰特点（图 1-2-3）

古希腊的基本服装为 Chiton，服装以各类羊毛、麻或棉等为材质，不经缝纫，将一整块四方布料通过翻折包裹躯体，长度长于穿着者的身高，宽度为人手伸开两指尖距离的两倍，在肩部以金属别针固定。虽然服装以布料自然状态包裹人体，没有一定的造型，但穿在身上随着人体走动即呈现出人体的自然曲线。因面料特别宽肥，腰间系带后衣身上下产生无数细密褶裥，在视觉上，这些褶纹与建筑的柱式有异曲同工之妙。此外古希腊还有 Himation 形式，男女皆可穿着，也是一块大的长方形毛织物缠绕包裹人体，但没有腰带，方便实用。Himation 后演变为古罗马的 Toga 服装形制。

古罗马服饰沿袭了古希腊的样式和穿着方法，主要服装为束腰上衣和斗篷，其中 Toga 和 Tunica 是常见的服装。Toga 属男性着装，拥有许多褶裥，因而厚重，体现出庄严、高贵和气派。Tunica 以两块羊毛布披在身上，在肩胛处连接，腰间用带子束起来，成为一件有连袖的筒形衣，属于日常便装。古罗马服饰与古希腊服饰一样也是以悬垂褶裥为主要特色。

图 1-2-3 古罗马服饰结构运用，图为 DELL'ACQUA2001 年设计

3. 新古典主义风格及服饰（图 1-2-4）

新古典主义运动（1789 年 -1825 年）秉承传统古希腊美学，强调理性、严谨、客观，着力表现现实世界，它代表着上层贵族思想，有着众多学院派的条条框框，代表人物如安格尔。

1789 年法国大革命爆发，追求自由与共和的理想与古希腊、古罗马政治制度不谋而合。18 世纪下半叶在法国出现了学习和研究古代艺术的热潮，对象包括古罗马艺术、意大利文艺复兴艺术和 17 世纪以普桑为代表的古典主义，直至 19 世纪前期达到高潮。因不同于 17 世纪的古典主义，这场运动被冠之"新古典主义"。新古典主义的源流是古代罗马艺术、意大利鼎盛时期的文艺复兴艺术和 17 世纪以画家普桑为代表的古典主义，提倡典雅、宁静和理性。之所以区别于 17 世纪的古典主义，是在大革命宣言共和以及为祖国而战的背景下产生的时代风尚和审美倾向。

新古典主义将矫饰、花哨、做作的洛可可审美情趣视为没落腐朽，夸张的造型随着裙撑的缩小直至消失而变得自然，装饰繁多的细节被抛弃，高腰长裙是新古典主义时期的主要样式。由于抛弃了紧身胸衣和多层衬裙，胸部更加突出，腰身曲线显得流畅，飘逸的长裙勾勒出人体的

图 1-2-4 趋于简洁的新古典主义服饰，图为 1790 年—1795 年英国女装

图 1-2-5　帝政风格女装

图 1-2-6　1929 年 Madeleine Vionnet 设计的古典主义风格晚装

图 1-2-7　Madeleine Vionnet 的设计体现出古典主义的审美特点

自然曲线。来自男装造型的短茄克（Spencer）是新古典主义时期又一种典型的服装样式，茄克短到腰线以上或至袖窿底。通常是深色，与浅色的裙子形成对比。短茄克套在长裙外面，起保暖作用。

4.帝政风格服装

帝政风格是新古典主义风格的延伸，特指法兰西第一帝国时期，即拿破仑一世的样式。当时流行裙装腰线很高，位于乳线下，这种高腰线称为帝政线条。帝政风格裙装造型自然，并具有以下特征：领口线较低、泡泡袖结构、腰线收紧后向两侧微微张开（图1-2-5）。

5.古典主义风格设计师 Madeleine Vionnet （图1-2-6）

法国设计师 Madeleine Vionnet 是 20 世纪 30 年代的风云人物，20 年代她以擅长斜裁法设计礼服闻名，在 30 年代达到鼎盛时期。Madeleine Vionnet 设计蕴含着古希腊的精髓，她在设计中不用设计稿，直接在人台上进行，巧妙地运用面料斜纹中的弹拉力，进行斜向的交叉裁剪，以布料的悬垂褶裥创造出瀑布般的流动感。Madeleine Vionnet 运用菱形式三角形的接合处理裙子的下摆，其斜裁工夫出神入化，

有些衣裙甚至不用在侧边或后背开门，仅仅运用斜纹本身的张力，就能轻易的穿上脱下。斜裁手法尤其适合设计礼服，使服装更加自然生动，贴合人体。这种斜裁法所设计的服装又称"手帕服装"。

Madeleine Vionnet 用斜裁法设计的露背式晚装，不仅是西方礼服史上的一大创举，更使好莱坞女星 Jean Harlow（珍·哈露）成为当时最性感的明星。她曾运用中国广东的绉纱面料，以抽纱的手法制成在当时极受欢迎的低领套头衫，独特的裁剪使这款服装被称为"Vionnet 上衣"。

二、古典主义风格时装设计解析

1.风格（图1-2-7）

古典主义风格女装注重外形的柔和与甜美，以舒缓、合理的曲线展现女性体形曲线，展现一种田园般的宁静。女装概括为单纯、简洁、传统、保守，没有冲撞和对比，没有过多的装饰细节和复杂搭配，但它注重穿着功能性，注重服装的内涵，重视穿着者的气质与服饰的协调，以此配衬穿着者的个性。因此古典主义女装常常表现为优雅、完美、整体、实用，并流露出精致舒适的生活方式。

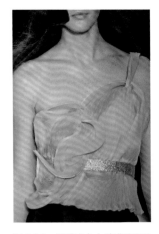

图 1-2-9　灵感来自古希腊雕塑的女装设计

图 1-2-10　1922 年 Madeleine Vionnet 设计的晚装

图 1-2-11　突出优雅感的细节设计

图 1-2-8　古典主义风格女装造型呈自然状态

图 1-2-12　缠绕结构

2．造型

在女性的肩、胸、腰和臀部位不过分强调突出，保持自然状态，外形略带 H 字或梯形，整体呈现带收腰的圆柱形。帝政时期女装呈高腰式圆筒形（图 1-2-8）。

3．款式（图 1-2-9）

无论是古希腊、古罗马，还是新古典主义服饰均遵循古典艺术的审美法则和情趣，其中比例关系原理在古典主义风格服装中占据重要地位，黄金分割比例（因比值为 1：1618，所以近似于 3：5 或 5：8）是主要创作原则，通过运用比例原理使上下、内外以及服装各部位保持优美的比例关系。在具体款式设计中力求简洁大方，讲究结构对称均匀，没有冲撞关系。

胸部和腰部

古典主义风格服装的胸部和腰部结构以合体为主，不过分强调突出（图 1-2-10）。帝政时期甚至将腰线移至胸线以下，这种高腰结构使视觉向上移（图 1-2-11）。

结构和工艺

古希腊、古罗马服装均属披挂、缠绕式（图 1-2-12），受古希腊、古罗马建筑、服饰的启发，折叠、披挂和抽褶形式被广泛运用于古典主义风格女装设计，设计师通过各种工艺手段（包括斜裁）以表达面料的纯粹性，围绕人体往往在肩、胸、后背和腰间设置大量细密抽褶（图 1-2-13）。

在具体运用中，裙装的设计尤其如此。常用无领结构，领口很宽而深挖。肩部是表现重点，运用面料褶裥、披挂或悬垂效果以单肩或吊带式出现。一般衣身结构简单，以一整块布料

图 1-2-13　细密抽褶

抽褶围合而成，或裙中或后中敞开，露出内裙，在腰间自然下垂形成褶皱。裙长以中长裙为主，也可以裙长至脚踝甚至及地，表现出端庄感（图1-2-14）。

4. 色彩

古典主义风格服装偏向于庄重素雅和明度高、纯度低的色彩，如米色、灰色、白色、棕色和黑色等。相互之间的配色注重协调和悦目，避免强烈和跳跃的对比。

5. 图案（图1-2-15）

图案花形较简单和素雅，如碎花、点纹、格纹、条纹等，在运用时常以素色为主，碎花之类图案起点缀作用（图1-2-16）。

6. 材质

选用上乘面料，侧重手感轻薄、滑爽、飘逸的丝绒绸缎和薄纱料，这类面料适合斜裁工艺，能体现瀑布般的悬垂效果。

7. 配饰（图1-2-17、图1-2-18）

配饰造型样式较简洁大方，所起作用只是稍加点缀，不过分强调。主要有腰带、围巾、手套和披肩，以及各类金饰品。

图1-2-14　1944年Gres夫人设计的具古典主义风格的晚礼服

图1-2-15　花形简单素雅体现着古典主义精髓

图1-2-16　太阳神图案

图1-2-17　灵感来自古罗马角斗士鞋的设计

图1-2-18　战士帽饰

三、古典主义风格时装流行演变（图 1-2-19）

20 世纪 20 年代前后，古典主义风格曾一度复活，法国设计师 Paul Poiret 早期曾以"Nouvelle Vogue"为名设计了一系列带帝政风格的裙装，与之前不同的是，没有紧身胸衣的加入，所以线条流畅。这时期真正主导了这一流行的是法国设计师 Vionnet 夫人，她以首创的斜裁工艺，以古希腊服装为灵感设计了诸多晚装。在 30 年代，Vionnet 夫人主导了古典主义风格的流行，她结合当时的流行，运用绉绸设计了低腰结构裙装，其中一款以古希腊的 Peplos 形制为灵感，将布料披在肩上斜裁收至腰间，设计收腰长裙，充分体现了古典主义的美感。此外西班牙设计师 Mariano Fortuny 也曾尝试古典主义风格设计，她设计出有褶状的丝质长袍。50 年代 Dior 的"新风貌"设计遵循了合理、秩序、简洁的古典主义美学，呈现庄重典雅的艺术效果。日本设计师三宅一生从面料角度出发，于 80 年代初以古希腊雕塑中悬垂服饰为灵感，尝试带有古希腊风格的"一生褶"，这种褶料具有雕塑般的立体感（图 1-2-20 ）。

21 世纪前后，意大利设计师 Alberta Ferretti 的作品持续带有明显的古希腊痕迹和古典主义审美倾向，她擅长轻柔、妩媚、浪漫风格的设计，女性味十足的轻纱薄缕飘带是 Alberta Ferretti 标志性的设计。她的设计往往呈高腰结构，将女性曲线完美勾勒，如同希腊女神一样神圣而高贵。希腊裔英国设计师 Kokosalaki 在设计中时常流露出古希腊服饰的痕迹，她善于在轻柔顺畅的布料上，采用不同的打褶缝制技术（打褶、折叠、悬垂），流露出浓厚的古希腊痕迹，并将希腊古典文化与另类前卫的街头风格相结合，如她的 2002 年春夏和 2006 年春夏设计（图 1-2-21 ）。2007 年新古典主义风格流行，古罗马服饰成为灵感来源，缠绕结构、角斗士鞋、铠甲等均在设计师作品中体现（图 1-2-22 ）。此外具帝政风格的高腰结构裙装成为主要流行单品（图 1-2-23 ）。

图 1-2-19　古典主义风格女装设计，右侧是 Maggy Rouff1941 年的设计，左侧为 Thierry Mugler1994 年据此重新演绎的作品

图 1-2-20　1998 年 Galliano 将 Vionnet 的设计重新演绎，展现出现代时装魅力

图 1-2-21
Kokosalaki2002 年春夏
古典主义风格的设计

图 1-2-22
Love Sex & Money2007
年春夏灵感来自古罗马服
饰的设计

图 1-2-23
帝政风格裙装，图为
Luca2007 年春夏设计

四、古典主义风格时装作品分析

1. 古希腊和古罗马永恒的古典美感表现 (图 1-2-24)

备受好莱坞明星喜爱的 Alberta Ferretti 的 2007 年春夏系列让人们见识到了她的设计精髓，这就是这位意大利设计师刻意追求的古希腊和古罗马永恒的古典美感。永远飘逸的 V 领雪纺裙，呈高腰结构，细密的抽褶使款型呈 X 型，并将女性曲线完美勾勒，如同希腊女神一样神圣而高贵。合理的比例、优雅的色调充分展现出设计师古典主义审美取向。新奇而精美的薄绸，随着体形变化而自然皱起泡泡袖，内衬精致的吊带裙，配以自然简单而妩媚的外裙，这种性感的设计被 Alberta Ferretti 发挥得淋漓尽致。

图 1-2-24 Alberta Ferretti2007 年春夏设计

2. 古希腊雕塑感设计表现 (图 1-2-25)

作为一位有希腊文化背景的设计师，英国设计师 Sophia Kokosalaki 具有得天独厚的优势，她很自然将设计触角延伸至古希腊服饰，如古希腊诸女神的垂坠长袍。图 1-2-25 这款设计是 Sophia Kokosalaki2006 年春夏成衣时装发布上的作品，大量的运用了褶皱这一复杂的古典工艺元素，呈现出了清新而简洁的外观。这款现代都市的短小晚礼服，呈现出混合了现代风的古典美感。整体设计明显流露出希腊古典文化的影响，以多层次重叠的彩纱表现出了古希腊的服装精神，运用不同形式的抽褶方法，层层堆积打褶或点状抽褶，组成大小不一、造型各异的体块。真让人佩服设计师的才能，如此轻薄的丝料材质，经设计师的巧妙构思，幻化出具古希腊雕塑感的款式造型。肩部的设计沿用了礼服感的 V 型结构，胸部运用打褶在胸两侧组成优美的图形。如果腰以上是平面结构的话，那么臀部则呈雕塑感，Kokosalaki 运用抽褶使面料自然隆起，产生的不定的轮廓外形。充分展现了经典和怀旧的美感，同时也不失现代意识的前卫感。

图 1-2-25 Sophia Kokosalaki2006 年春夏设计

图 1-2-26　Versace2007 年春夏设计

图 1-2-27　Trussardi2007 年秋冬设计

图 1-2-28　Diane von Furstenberg2007 年春夏设计

3. 体现合理比例的古典风格设计 (图 1-2-26)

在 2007 年春夏系列中，Donatella Versace 以款款裙装构建出裙的海洋：呈花苞状的高腰短裙、带波普风格的波纹状印花裙、帝政风格高腰长裙。图 1-2-26 是其中一款露肩鱼尾长裙，设计师一改性感路线，给人以古典美感。在款式造型上，胸部以抽褶产生合体结构，与优美的腰部曲线构成自然外形结构，凸现出 Versace 品牌一向注重的优雅主线。裙部单侧呈弧线高位裸露，瞬间提升了整款的时尚魅力。整款以装饰碎花作设计眼，通过胸部线条、腿部裸露呈现出合理的比例，使视觉得以停顿。悦目、淡雅的浅绿色调加强了整款设计的古典气息。

4. 体现现代风尚的新古典主义风格设计 (图 1-2-27)

意大利设计师 Trussardi 在 2007 年秋冬的时装秀中推出了优雅风范的宴会装，完美演绎出新古典主义风格及低调奢华的品牌精神。设计师对几种不同的复古风格重新演绎，但并不拘泥于历史的樊笼，运用了突破性的概念传递出新的美学理念。女装借鉴 20 世纪三四十年代的流行服饰，显示出典型的法国精致风格。这款长及脚踝的礼服整体设计上延续了 Trussardi 一贯的极简风格，线条洗练自然，以绸缎面料的特殊质感来演绎宴会公主，华丽优雅又充满摩登的气息。胸前折褶的设计是精彩部分，腰带处的大褶自然向上下延伸，形成弯曲的荷叶边，与飘动的裙裾呼应。帝政风格高腰细带创意非凡，恰到好处地勾勒出女性的曼妙身材。创意大胆的高腰皮带系结，既是古典元素的表现，同时也突出了设计的现代感。

5. 唯美的古典情调表现 (图 1-2-28)

美国设计师 Diane von Furstenberg2007 年春夏的系列不论在色彩、材料上都体现轻盈细致，特别是一些考究的丝绸绣花等作品，自然花卉、几何图案将 T 台装点得格外亮丽。Furstenberg 对流行的中性形象从不妥协，一直坚持自己标志性的唯美设计，轻纱薄绸、亮缎饰片，体现着女性的柔媚与婉约。此款长裙礼服是 Furstenberg 追寻古典情调的表现，延续一贯的简洁设计手法，以基本裙装款式为源头，在胸部和腰部通过合理的结构运用，展现女性的高贵典雅。层层的黑色丝质轻纱透明深沉，随着模特的走动使长裙流淌出节拍和韵律，勾勒出起伏的人体线条，更显出光彩照人。

第三节 浪漫主义风格时装

一、浪漫主义风格产生的相关背景

浪漫主义（Romanticism）是一种文学艺术的基本创作方法和风格，与现实主义同为文学艺术史上的两大主要思潮。浪漫主义一词源出南欧一些古罗马省府的语言和文学，这些地区的不同方言原系拉丁语和当地方言混杂而成，后来发展成罗曼系语言（The Romance languages）。在11至12世纪，大量地方语言文学中的传奇故事和民谣就是用罗曼系语言写成的。这些作品着重描写中世纪骑士的神奇事迹、侠义气概及其神秘非凡，具有这类特点的故事后来逐渐称为 Romance，即骑士故事或传奇故事。

18世纪末至19世纪初法国经历了大革命的洗礼，年仅30岁的拿破仑被任命为第一执行官，1804年，法兰西帝国成立，拿破仑登基。此时资产阶级处于上升时期并确立了地位，追求个性解放、强调自我和感情自由的人权思想日益深入人心，成为社会风尚。新生资产阶级在政治上反抗封建主义的统治，在文学艺术上反对古典主义崇尚一成不变的美的模式，反对束缚艺术发展的条条框框。为适应这样的需要，作为文艺思潮的浪漫主义风格应运而生。

1. 浪漫主义艺术

浪漫主义艺术源于19世纪的欧洲，它主张摆脱古典主义在形式和内容上过分的简朴和理性，反对艺术上的刻板僵化。作为一种创作方法，浪漫主义意指某种戏剧性的矫揉和伤感的理想主义，强调个性发展和主观认识，侧重表现理想世界，把情感和想象提到创作的首位。浪漫主义善于抒发对理想的热烈追求，热情地肯定人的主观性，表现激烈奔放的情感，常用超越现实并具瑰丽色彩的想象、热情奔放的语言和夸张的手法塑造理想中的形象，将主观、非理性、想象融为一体，使作品更为个性化，更具有生命的活力。

早期浪漫主义曾以中世纪、文艺复兴运动为素材，之后注重生活、传说、神话及东方题材。在艺术领域，古典主义和浪漫主义属两大支干，在绘画上，古典主义引出立体主义和抽象主义，而浪漫主义则导致了象征主义、表现主义、超现实主义、抽象表现主义。

浪漫主义绘画注重情感的表达，这反映在自然景致上，与古典主义将自然景致作为陪衬思想不同，浪漫主义绘画将它视为作品的表达重点。英国著名浪漫

图 1-3-1 法国画家席里柯的《美杜萨之筏》

主义画家 William Turner（透纳，1775–1851）在画作中注重表现户外光线变化，画面呈现诗一般意境，常常流露出对自然景致的感情依恋，正如其同时代的画家 John Contable（康斯泰勃尔，1776–1837）对 Turner 画的评价："好像用染了色的蒸汽画成"。在法国画家 Theodore Gericault（席里柯，1791–1824）的《美杜萨之筏》（图 1-3-1）、德拉克洛瓦（Eugene Delacroix，1798–1863）的《萨丹纳帕路斯之死》作品中能感受到戏剧化的色彩、奔放的姿态和异域风情或煽情故事，而这正是浪漫主义与古典主义的不同之处。浪漫主义绘画思想影响了日后印象派和后印象派绘画，如在 Vincent Van Gogh（凡·高，1853 – 1890）和 Paul Cézanne（塞尚，1839–1906）的一些作品中可看到浪漫主义绘画的痕迹。浪漫主义文学作品侧重生活的描写和情感流露，如英国作家 George Gordon Byron（拜伦）、Percy Bysshe Shelley（雪莱）、Jane Austen（简·奥斯汀）的作品。

2. 浪漫主义时期女装

从广义上讲，浪漫主义的表现在历史上涵盖了自17世纪的巴洛克风格和18世纪的洛可可风格以及后来从18世纪晚期开始的服装的浪漫主义革命。拿破仑和皇后约瑟芬恢复了往日奢华的宫廷服饰，随着拿破仑携法兰西帝国征战欧洲诸国，这股奢华之风迅速蔓延开来，无形之中对浪漫主义的兴起和发展起了推波助澜的作用。但当拿破仑被流放后，世人的目光投向了已经历现代工业革命且文艺活动异常活跃的英国，事实上在19世纪初，最富浪漫主义特征且振兴发展的不是法国，而是英国和德国。

图 1-3-2　图为呈典型 X 字造型的 1826 年晚装
图 1-3-3　泡袖是浪漫主义女装特征之一
图 1-3-4　羊腿袖是浪漫主义女装另一特征
图 1-3-5　褶裥运用，Veronique Branquinho2015 年春夏设计作品

欧洲女装从 1818 年起逐渐由古典主义风格转向浪漫主义风格，1825–1845 年间被认为是典型的浪漫主义时期。服装的特点是细腰丰臀，大而多装饰的帽饰，注重整体线条的动感表现，使服装能随着人体的摆动而呈现出轻快飘逸之感。下摆装饰荷叶边，还有很多缎带、蝴蝶结、刺绣、花边及人造花等。腰线由 19 世纪末帝政风格的高腰结构（胸下收紧直身向下至脚踝，呈上紧下松感觉）转为正常自然腰线，浪漫主义服饰在造型、细节和配件上带有 15 世纪和 16 世纪宫廷女装影子，追求精致和华贵，穿着者不免有孤芳自赏之感。

二、浪漫主义风格时装设计解析

1. 风格

浪漫主义风格女装在创作中强调主观与主体性，侧重表现设计师的理想世界，把情感和想象提到创作的首位，以热情奔放的手法和夸张的造型塑造设计师心中的理想形象。

总体风格注重廓型对比，突出女性曲线美感，呈现对比美感。设计充满了少女情怀，表现为飘逸、轻盈、装饰性。

2. 造型（图 1-3-2）

传统浪漫主义女装主要造型为 A 型和 X 型，腰部紧窄，强调造型的夸张对比，裙撑的使用使臀部成圆台状。新浪漫主义风格女装造型除了 A 型和 X 型，还有 T 型以及一些不定型的外轮廓形，增添一些随意效果，使外观效果添加了更多的现代感和时代感。

3. 款式

浪漫主义风格女装在款式上强调结构，人体的公主线成为关注重点，通过裁片的分割产生曲线美感。还有修饰胸部的分割线，以达到完美呈现女性体态的目的。上装款式注重领、袖的款式结构，腰线设置合乎人体结构。裙身较长，以盖住脚踝居多，裙摆处装饰复杂。新浪漫主义裙装减小了裙长，至脚踝，露出精美丝袜和精巧女鞋，使穿着者更具活力。由于内衬紧身胸衣可呈现细腰，所以浪漫主义风格服饰不免带有一种更为夸张和矫饰的巴洛克风格服饰意蕴。

袖和肩

这是浪漫主义风格女装表现重点之一，常以泡泡袖、灯笼袖或羊腿袖将肩隆起并加宽肩部尺寸（图 1-3-3）。羊腿袖是浪漫主义风格服饰的典型表现，1835 年前后羊腿袖袖肩夸张至极点。这种袖型在袖肩部位外鼓似气球状，而在克夫处极端收紧，形成强烈对比，与羊腿袖相配的巨大发型和帽子同时流行（图 1-3-4）。

图 1-3-6　浪漫主义女装色彩强调柔和、淡雅
图 1-3-7　丝\缎是浪漫主义女装主要材质
图 1-3-8　1981 年伦敦街头新浪漫风格着装的一对男女
图 1-3-9　1997 年 Galliano 的设计开启了新浪漫主义之风

领

　　浪漫主义风格服饰另一特色是领口开大，以至系结丝巾或披披肩成为必须。

　　细节装饰

　　浪漫主义风格服饰大量使用繁复纷飞的饰带、缎带、花边等装饰手法，胸前、袖口往往饰有整齐折裥，蝴蝶结这一洛可可时期就已广泛使用的装饰手法也在浪漫主义服饰上运用。荷叶边是浪漫主义风格女装常用手段，形成有节奏的美感。在新浪漫主义女装中常以不规则打细褶表现，无序的排列形成反复重叠的节奏变化，因错落和疏密而造成的明暗光影的不同，产生浪漫随意、简洁而又富于变化的效果（图 1-3-5）。

　　4．色彩

　　浪漫主义风格服饰色彩强调柔和、安宁，高雅而和谐，尤其是高明度低纯度的粉彩色，这种色彩对比度很低，在保持低调的同时又总是让人充满希望，如纯洁的白色、温柔的浅粉、宁静淡雅的粉蓝、粉绿等（图 1-3-6）。

　　5．图案

　　常用图案为各类具象写实花卉纹样，造型和线条柔和，大小花形均适用。

　　6．材质

　　传统的浪漫主义女装面料常使用大提花或印花的丝绸、丝绒，衣裙还常加以蕾丝、缎带和绢花。新浪漫主义风格女装除了常规面料外，更突出使用包括化纤、人造皮革、闪光缎、亮片等具有现代意念的材质（图 1-3-7）。

三、浪漫主义风格时装流行演变

　　浪漫主义风格服饰在现代历史上各阶段均有表现，如 20 世纪 50 年代 Dior 的"新样式"中的 A 型、X 型、Y 型等设计，主要通过强烈的收腰结构，展现夸张的造型，以表现女性优美曲线，这均属浪漫主义风格表现。在六七十年代，服装由于掺入了诸多世界各地的民族服饰元素而带有装饰感觉，呈现出一定的浪漫主义特点，如波希米亚、东方、阿拉伯等服饰细节（图 1-3-8）。

　　90 年代经历了中性化、款式简单的简约主义风格之后，1997 年强调细节装饰的浪漫主义卷土重来，设计师以世纪末的混搭手法在作品中融入了各地民族风情，设计充满繁花似锦的装饰图案、缤纷色彩和精美装饰，浪漫主义特点尽情显露，如 Galliano 为 Dior 所设计的作品（图 1-3-9）。

　　21 世纪初，这股流行呈现自然柔和的形象，如浅淡的色调、柔和圆转的线条、轻柔的材质，主要以波希米亚、各地民族风情、甜美优雅都市女性形象来表现，这就是浪漫主义的现代版——"新浪漫主义风格"（Neo-romanticism）（图1-3-10）。新浪漫主义保留了19世纪的浪漫主义审美情趣，同样注重服饰的精巧和华丽，注重服装的流动感和韵律感。但与传统的浪漫主义相比，新浪漫主义在设计中加入了许多现代设计成分，如后现代的狂野、嬉皮的颓废、都市的性感等，体现出与众不同的现代美感。此外还特别强调突出个人风格和穿着配搭，因此新浪漫主义风格被认为是伪浪漫主义（图1-3-11）。"新浪漫主义"女装在2001年经历了"9·11"之后于2002年春夏全面爆发，出现了一种全新的浪漫、妩媚、性感、柔软乃至奢华的气息，主要以波希米亚、各地民族风情、甜美优雅都市女性形象来表现。随后渐趋衰落，而2005年流行的高腰蓬蓬裙除了具有浪漫主义一般特点外，还将腰线接近于胸线附近。

四、浪漫主义风格时装作品分析

1. 典型的浪漫主义风格表现（图1-3-12）

意大利设计大师Valentino的设计呈典型的浪漫主义风格，2007年春夏和秋冬两季的秀是Valentino的封刀之作，他将优雅高贵风格淋漓尽致展示给喜爱他作品的观众。2007年春夏女装设计中，充满浪漫的巴黎风情装扮，这款娇贵雅致的礼服设计体现Valentino的经典一面——鲜亮的红色（这是Valentino认为除了黑白以外的唯一色彩，故称Valentino红），采用端庄雅致的A字造型，以绸纱为主体，露肩、收腰、裙装长及脚踝，将身材勾勒得丰满匀称。在细节上，Valentino以别致的叉字结构，由绯红色的薄纱折成长条，绞绕覆在领、肩和胸，从腰际开始向两侧飘然张开，轻舞飞扬如天仙般美妙。

2. 浪漫主义风格的飘逸感表现（图1-3-13）

黎巴嫩裔设计师Elie Saab擅长轻薄面料的运用，其晚装大量选用丝绸闪缎、珠光面料、带有独特花纹的雪纺纱、银丝流苏等，以斜裁、皱褶等裁剪手法产生飘逸华美效果。2007年秋冬系列，如同破冰跃出的冰白精灵，用银白和带有透明感的灰黑，藏蓝，打造举手投足间的闪耀光芒。这是一款典型的Elie Saab风格晚装设计，收腰的A型结构，追求性感飘逸的女性美感。肩部以通花蕾丝与绸缎相接，凸现秀美。高腰线的运用使下半身显得格外修长，这是Elie Saab标志性的设计语言。裙摆以彩虹色雪纺闪缎层叠构筑产生不规则的线条，使视觉充

图1-3-10 2001年秋冬山本耀司的新浪漫主义风格设计

图1-3-11 带有街头元素的浪漫主义风格设计

图 1-3-12　Valentino2007 年春夏设计

图 1-3-13　Elie Saab2007 年秋冬设计

图 1-3-14　Blumarine2007 年春夏设计

图 1-3-15　Anna Sui2007 年春夏设计

满了张力和层次感，在行走间浮游流动，一种飘渺的神秘魅惑感自然流露。

3. 娇丽、性感的浪漫主义风格表现 (图 1-3-14)

图 1-3-14 这款由意大利品牌 Blumarine2007 年春夏推出的经典礼服，洋溢着意大利式的浪漫气息、柔媚性感和女性娇丽。性感，被设计师在这里表现的淋漓尽致，二分之一的交叉结构修身长裙，打着自然的褶皱由腰侧形成交叉，自然垂于身体左右两侧，使整个女性的身材曲线完美的展现了出来。低胸的设计和始于大腿部的前开衩，更是使这种完美带着几分秀美和艳丽。

4. 新浪漫主义风格表现 (图 1-3-15)

美国华裔设计师 Anna Sui 的 2007 年春夏系列，将复古浪漫和摩登热情充分融合。作品包容了纽约街头的摇滚娃娃、土耳其奥特曼的 Suleiman 大帝，复古与朋克依旧，叛逆和甜美兼融。这款具有新浪漫主义特征的街头摇滚风格裙装，呈优雅的 A 字造型，具有浪漫主义特征。但设计师并非展现传统的审美形象，而是秀出摇滚、历史、民俗混融的狂野时尚，拿破仑样式的网纱草质大宽边帽、缀珠的绕颈金属项链、具朋克特征的破洞丝网长手套长丝袜、灵感来自闻名全球的土耳其手工锦织地毯纹样，所有一切构成一组独特的视觉画面。

5. 带轻松、悠闲和运动味的浪漫主义风格表现 (图 1-3-16)

美国华裔设计师 Peter Som 擅长优雅的小礼服设计，他的设计带有美式休闲简洁风格，这也是媒体给他的评价。但 Peter Som 想创造出对立的两面：虽然简洁，但也穿插着浪漫风韵，如大量的鸡尾裙、不规则裙边的印花裙的设计。从他设计的 2006 年秋冬系列女装中可体味出他所推崇的复古典雅气息。这款适合宴会的连身裙款型带强烈的浪漫情调，合体收腰，向下渐宽，至下摆处向内收紧，展露了女性流线型的美感。设计师对材质的处理独具功力，以白色透明纱作吊带，以鸽子灰塔夫绸打成蝴蝶结，由胸前向下摆逐渐变大，大小尺寸呈渐变规律。整款设计简洁，略带一点轻松、悠闲和运动味，这正是设计师坚持的设计倾向——带些懒散感和浪漫风。

图 1-3-16　Peter Som2006 年秋冬设计

第二章 巴洛克和洛可可时期的时装风格

第一节 巴洛克风格时装

一、巴洛克风格产生的相关背景

巴洛克（Baroque）一词源于葡萄牙语"Barroco"，后演变为法语的"Baroque"，原是珍珠采集行业的术语，意为一种巨大的、不合常规的珍珠，引生出不圆的珠子、奇特和古怪等含义，泛指奇形怪状、矫揉造作的风格。巴洛克艺术产生于17世纪初的意大利罗马，全盛于整个17世纪。进入18世纪，除北欧和中欧部分地区外，巴洛克艺术逐渐衰落，其前后共持续约150年。

巴洛克艺术是对意大利风格主义的对抗，是对16世纪后半期遭到严重摧残的古典艺术概念和形式的复活，是18世纪推崇古典主义艺术理论家对于17世纪这一艺术风格的贬义称呼，用以区别17世纪不同于盛期文艺复兴的一种艺术。巴洛克艺术具有浓重的宗教倾向，作品充满着激情，风格华丽，带有享乐主义情调。不可否认，巴洛克艺术为欧洲艺术史的发展做出了特有的贡献，它突破了文艺复兴以来古典主义艺术的理性、均衡、匀称、典雅的风格局限，为后来的各类艺术风格的兴起与发展起到了继往开来的作用。

1. 巴洛克风格建筑

巴洛克艺术原本是17世纪突出华贵、过于炫耀的建筑风格，虽有矫饰主义影响，但去除了那些暧昧、松散成分，追求结构复杂多变，富有动势，运用娇柔的手法（如断檐、波浪形墙面、重叠柱等）以及透视深远的壁画、姿势夸张的雕像，使建筑在透视和光影的作用下产生强烈的艺术效果。在内部装饰上追求豪华氛围和动势、起伏的形态，大量采用起伏曲折的交错曲线，强调力度变化和运动感，使整个建筑充满了紧张、激情和骚动，如圆屋顶、弧形大扶梯等的运用。

巴洛克风格特别强调建筑的立体感和空间感，追求层次和深度的变化。同时注意建筑和周边环境的综合协

图 2-1-1 巴洛克风格建筑

调，把广场、花园、雕塑、喷泉和建筑有机的结合成一个整体，如布局精美的庭园、气势恢宏的广场以及喷泉、桂廊和雕刻等，都与建筑物浑然一体（图 2-1-1）。

2. 巴洛克风格绘画和雕塑（图 2-1-2、图 2-1-3）

巴洛克风格在绘画和雕塑上，抛弃了文艺复兴为追求稳定而采取的垂直线、水平线形式，广泛运用弧线、曲线，偏爱复杂多变的构图，注重光的效果，色彩艳丽，作品充分发挥艺术家的丰富想象力，富有激情、动势和戏剧效果，因此具有浓郁的浪漫主义色彩。巴洛克艺术具有较强的装饰性，辉煌华丽，代表人物有法兰德斯的 Peter Paul Rubens（彼得·保罗·鲁本斯）、意大利的 Gian Lorenzo Bernini（贝尼尼）以及西班牙的 Diego Rodríguez de Silvay Velázquez（委拉斯贵兹）等。

图 2-1-2 呈曲线构图形式的鲁本斯绘画

图 2-1-3 鲁本斯 1606 年所作绘画《布里吉达·斯皮诺拉·多莉亚侯爵夫人》

图 2-1-4 巴洛克风格表现为梦幻般的华贵、艳丽和过于装饰性的奢华、浮夸

图 2-1-5 呈酒瓶造型的巴洛克风格女装，为 Christian Lacroix1987 年设计

3. 紧身胸衣

在服装上，巴洛克风格表现突出了对比强烈而夸张的造型，而紧身胸衣是其中的关键，正因紧身胸衣的参与而使服装外形呈现似大教堂圆顶形结构，这完全符合巴洛克的艺术特征。

紧身胸衣于 16 世纪上半叶产生于西班牙，下半叶因公主凯瑟琳嫁给英国国王亨利八世时的这种穿着而在欧洲范围流行开来。这种衣服最初是以镂空铁片加铰链为骨架制成一种无袖胸衣，因材质对人体有伤害，至17、18 世纪，为柔韧并富有弹性的鲸须和织物所替代。这种胸衣呈倒三角形造型，衣身分多块片状立体裁剪，结构完全符合女性体型，从胸至腰都非常紧身。前襟不开口，中央插入一根较宽而扁的骨架支撑胸并收腹，背后可调节的系带能使女性的胸、腰、腹部变得纤细和苗条。胸衣主要面料为华丽的织锦缎、塔夫绸等。

4. 巴洛克风格设计师 Christian Lacroix

艺术史专业毕业并在博物馆工作过的法国设计师 Christian Lacroix 深受宫廷服饰的影响，他擅长在作品中运用巴洛克服饰的元素，宽大的衬裙裙撑、夸张的蝶型领结、耀眼灿烂的金线装饰，精致高贵的绣花以及浓郁响亮的色彩组合，这些构成了 Lacroix Christian 独特的服饰语言。在时装样式上，Lacroix Christian 并不遵从于中规中矩的保守原则，而是极尽奢华之能事。作为一名出色的艺术家，Christian Lacroix 会把廉价商店与博物馆、歌舞剧院乃至斗牛士等不同场面不同风情的元素组合起来，因而设计出的服装别具一格。

Christian Lacroix 还常从过去的年代中搜寻灵感，模特或影视明星，傲慢高贵或落魄浪荡，都被他巧妙地表现在作品中。在其品牌的服装中，人们可以看到千姿百态的异域风情：原始质朴的眼镜蛇绘画运动、现代吉普赛人、旅行者与流浪汉的写照……衣料极为华美，常会有出人意料的拼配组合，如再刺绣过的锦缎、毛皮、二次织绣过的蕾丝，东方韵味的印染与绣花，甚至真金刺绣等，呈现出具有现代特色的巴洛克风格。

自 1987 年自立门户以来，Christian Lacroix 完美展现了法式宫廷的优雅华丽风格，通过运用精致华贵的装饰、柔软上乘的质料、夸张艳丽的色彩以及风格独具的剪裁设计，塑造出具有 Christian Lacroix 烙印的女装。

二、巴洛克风格时装设计解析

1. 风格（图 2-1-4）

巴洛克风格指 17 世纪欧洲服装款式，它过于追求形式美感和装饰效果，从而给人以繁杂、气势宏大感觉。受到当时主宰一切的宫廷贵族审美趣味的影响，巴洛克服饰充满了梦幻般的华贵、艳丽以及过于装饰性的奢华、浮夸。

2. 造型

如同同时代的建筑、绘画、雕塑，巴洛克风格服饰追求夸张的造型，正因为有紧身胸衣和紧身小袄的参与，能在造型上突出强调女性自然曲线，更加凸现对比强烈的细腰和宽大裙摆。常见廓型有 X 型、A 型、酒瓶型等（图 2-1-5）。

图 2-1-6　花饰

图 2-1-7　拉夫领

3. 款式

款式上讲究强烈对比效果，表现在服装各部位的长短、分割面积的大小、装饰与否的繁简、面料材质的厚薄等方面的运用。通过衣身结构和布料堆积，突出表现胸、手臂、腰、臀和下摆，以产生动态和起伏。利用繁琐而堆积的褶皱、凌乱下垂的花边和炫目的大小花饰，构成了巴洛克服饰雍容华丽效果（图2-1-6）。

上装部分追求剪裁的紧身合体，以 8 至 12 片的分割突出了服装的收腰结构，下身部分讲究夸张的造型和装饰的变化，利用裙撑使裙身蓬起，裙身多层而庞大。由于内衬紧身胸衣，女性的曲线得到最大限度的体现，上下之间对比异常强烈。外套很长，有无领，也有大翻领，门襟是长长的排扣，具有装饰作用。衣服下摆加衬垫使外形向外翘。下配灯笼造型裤装，内穿紧身长袜。此外主要款式还有：紧身小袄、披风、上紧下松的短外套等。

领（图2-1-7）

主要是拉夫领或敞领，领口呈大开口结构或以花边装饰。为与呈 V 型紧身胸衣结构相称，袒胸领窝挖得深而宽，几乎把乳房以上的肩胸全部露出，领圈边以花边、缎带以及皱褶等作装饰或系上花结（图2-1-8）。

图 2-1-8　拉夫领的变奏设计

袖（图2-1-9）

袖子长短不等，袖口处有各式花边装饰。边饰长短不齐，有一种凌乱而活泼的美感。早期的巴洛克女装有肥大的袖身，常切割成几段，一段段箍起来，每段都镶嵌花边，形成多层灯笼造型。有时还在袖子上装饰着花结和饰带圈，显得更加华丽无比。

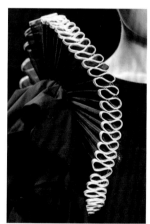

图 2-1-9　将拉夫领形式运用于袖肩的设计

腰（图2-1-10）

束腰结构是巴洛克风格的体现，因紧身胸衣的参与使腰部很紧，腰下开始打褶，将裙摆向外张开。腰节上移，强调视觉上的向上感，将上下两段极大拉开，形成对比。

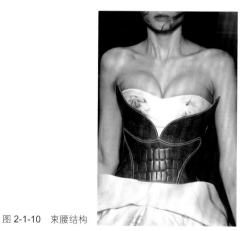

图 2-1-10　束腰结构

图 2-1-11　奢华装饰是巴洛克风格女装一大特征，图为Blumarine2008 年秋冬设计
图 2-1-12　具巴洛克风格的细节装饰
图 2-1-13　巴洛克服饰图案以碎花为主

裙

巴洛克式裙装呈蓬松结构，没有支架撑起，而是分三层套着穿，显得臃肿不堪。上身裹胸收腰，裙身较长，甚至拖地。类似巴瑟尔样式，臀后是设计重点，以布料堆满凌乱高耸的褶裥，产生庞大的立体效果，与细腰形成极大反差。裙子外层前中开及腰高衩，并将外裙拉至后臀系结，使后臀堆满凌乱高耸的褶裥，形成内外裙的对比。裙开衩处两对襟用花结或扣子系住，像系住两块窗帘一样，提起的地方吊着垂褶，十分雍容华贵气派。

装饰（图 2-1-11）

立体的装饰花和花边镶滚是巴洛克风格常用装饰手法，意在凸现宫廷风范和花团锦簇效果，一般应用于前胸、肩部、后臀、裙摆等处。裙装外裙面料较深，内裙较浅，并有刺绣或手绣团花、花饰图案等。大量运用缎带是巴洛克风格另一主要手法，作为系结和装饰手段应用于服装各部位，在双肩、胸前和袖子的系结处带有蔷薇色缎带装饰圈。此外褶裥也被广泛应用（图 2-1-12）。

4．色彩

色彩体现绚烂、鲜艳、明快，无论是锦缎，还是纱绸都给人以高贵华美效果，彰显出奢华气息，主要有桃红、橙黄等。色彩搭配中常采用对比色彩，形成醒目的视觉效果。

5．图案（图 2-1-13）

巴洛克风格全盛时期为路易十四时期华丽的大团花饰和果实图案，之后渐渐变小。路易十五时期花型较小，路易十六时期演变为洛可可时期的小碎花。具体运用以写实的花朵、树枝相互交替。

6．材质

广泛运用名贵材质，如塔夫绸、缎子、雪纺、轻纱、皮革等，主要运用于裙装中，而绸带、蕾丝、珠宝等被用于装饰中。

7．配饰

巴洛克女装常伴随纤细精巧的手杖和阳伞，点缀风雅，无指手套也很时髦，华贵的皮手笼或者其他面料制作的漂亮的手笼一般搭配在秋冬装中。外出时有遮阳用的硕大造型草帽带羽毛装饰或者网状面罩。

方头造型、风格秀美的浅腰高跟鞋属常用鞋，鞋面上以绣花工艺装饰，鞋口上饰带圈和花结等。为配合硕大的服装造型，帽子也采用大体积，并带羽毛装饰。

8．发式

巴洛克时代以带假发为流行，造型自然卷曲，后期演变为造型高耸的芳丹发型。巴洛克风格的设计突出发式表现，以造型夸张的发型和丰富的色彩来体现。

三、巴洛克风格时装流行演变（图 2-1-14）

服装风格由 20 世纪70 年代的前卫、颓废转

图 2-1-14　带巴洛克风格的设计，领形明显受拉夫领的影响。图为Sportmax2008 年秋冬设计

图 2-1-15 图为 Christian Lacroix 2001 年秋冬高级女装设计

向奢华、浮夸，廓型复杂、款式精美、色彩眩目、面料高档，巴洛克风格女装在 20 世纪 80 年代得到全面复兴。与 17 世纪巴洛克风格不同，20 世纪 80 年代女装一改下装累赘的特点，造型显得利落和轻盈，X 型和 Y 型成为主要廓型。上身设计变得突出，同样使用宽垫肩，搭配改良型拉夫领、隆起的袖肩造型。这类女装被冠以"后现代巴洛克"风格。钟情于巴洛克风格的法国设计师 Christian Lacroix 设计较多借鉴巴洛克风格，他于 1989 年推出的女装设计系列，以奢华面料的堆积、夸张的造型创造出具有现代感觉的新巴洛克形象。英国设计师 Westwood 虽然走朋克路线，但在廓型、款式上也借鉴了巴洛克风格元素。

21 世纪，设计师不再囿于传统巴洛克服饰元素的表现，带有年轻、颓废、前卫的新巴洛克形象成为一股趋势，2001 年秋冬法国设计师 JP Gaultier 的设计系列完美地将巴洛克和朋克文化结合在一起，而 Christian Lacroix 的设计带有新浪漫主义倾向，尤其在色彩运用上为巴洛克风格增添了新的活力（图 2-1-15）。2007 年时装界借鉴了巴洛克服装造型，夸张的廓型重新回归 T 台。在 2008 年秋冬流行中，巴洛克服饰的细节之一束腰结构成为焦点，设计师通过造型凸现展示了现代版的巴洛克形象（图 2-1-16）。

四、巴洛克风格时装作品分析

1. 新巴洛克风格设计

图 2-1-17 所示强调视觉冲击的设计展露的是女性野性和性感一面，设计师运用豹纹制成纱质裙，让这类飘逸的材质充满了张力。这款设计借鉴了巴洛克女装，上身合体紧身，束腰结构配以蝴蝶结点缀。裙身流露出巴洛克裙身结构，自然张开。豹纹图案、短裙结构和夸张的曲线造型，设计师以这些细节表现出新巴洛克风格张狂的野性。

2. 另类的巴洛克风尚（图 2-1-18）

在 2007 年秋冬装中，可以发现另一个奢华的 Christian Lacroix。虽然主调为深黑色调，但是各种细节的设计、印花、妆容、发型以及配饰却让整出服装灵动起来，那种来自西班牙的激情不经意地体现在夸张的款型、精美的头饰、华丽的金色纹样、奢华的毛皮上。迷离的烟熏妆，蓬松的发型等复古元素，为这一造型抹上了浓重的魅惑色彩。厚重奢华的款式和无处不在的精致细节，应该没有一个女人能够抵挡这

图 2-1-16 图为 Byblos2008 年秋冬设计，设计师别出心裁以羊毛演绎巴洛克风格

图 2-1-17 新巴洛克风格的设计

图 2-1-18 Christian Lacroix 2007 年秋冬设计

图 2-1-19 Ferre 2001 年秋冬设计　　图 2-1-20 Gaultier 2001 年秋冬设计

迷人的华服。这款裙装呈典型的巴洛克式外形，Christian Lacroix 没有沿袭一贯的宫廷式奢华材质，而是独具慧眼选择牛仔布，通过分割和明线迹等手法处理，组成独特的图形，表达出另类的巴洛克风尚。当然作品也不乏精美部分，胸前挂件、头饰，甚至宽皮带的装饰均是闪亮的钻饰。

3. 将巴洛克与中性风格融为一体的设计 (图 2-1-19)

意大利已故设计师 Gianfranco Ferre 的时装设计与众不同，他遵循时装是由符号、形态、颜色和材质构成等语言表达出来的综合印象和感觉这一理念。他常常将时装作为载体，将前卫的摇滚、中世纪的骑士、讲究外轮廓的建筑风融合在一起，创造出具有 Ferre 特征的时装风格，体现出现代与传统的和谐统一。这款设计取自 2001 年秋冬系列，设计师将其擅长的建筑设计手法运用于时装中，设计充满了体积感，线条起伏曲折，整体造型呈 X 型，呈现强烈的对比效果。上身则明显带有巴洛克风格特征，如凸显造型的高耸的尖角翻领、隆起的袖肩结构、绑缚的袖身以及喇叭状的褶裥袖口。裤装结构源于骑士服，以绳带交叉和拉链齿口这些细节表现出作品的中性倾向。

4. 将朋克与巴洛克风格结合在一起的设计 (图 2-1-20)

法国设计师 Jean Paul Gaultier 的设计善于破旧立新，他的设计没有模式，什么都能作为素材进行构思设计。他常在作品中混合多种手法，创造出新颖风格，彻底打破了时尚圈的种种定律。在具体款式上，以最基本的服装款式入手，加上解构处理，如撕毁、打结，配上各式风格前卫的装饰物，或是将各种民族服饰的融合拼凑在一起，展现夸张和诙谐，将前卫、古典和奇风异俗混融得令人叹为观止。这款 2001 年秋冬设计参照巴洛克服饰细节，以高贵的透空蕾丝运用于上身、裙摆装饰和丝袜上。设计师结合了朋克理念，通过与黑色布料的组合，将露与遮、深与浅、复古与前卫这几对矛盾作了完美的诠释。而棕黄色凌乱发式、前卫的妆扮都点出了整款的朋克风格意念。

第二节 洛可可风格时装

一、洛可可风格产生的相关背景

　　洛可可（rococo）一词由法语 rocalleur 演化而来，原意为建筑装饰中以贝壳、石块等建造的岩状砌石，因 1699 年建筑师、装饰艺术家马尔列在金氏府邸的装饰设计中大量采用这种曲线形的贝壳纹样，由此而得名。洛可可风格 17 世纪末起源于法国路易十四（1643–1715 年）时代晚期，在路易十五时代（1715–1774 年）处于鼎盛时期，又称"路易十五风格"。

　　洛可可风格在法国产生并非偶然。路易十四时期所流行的宫廷沙龙（Salon，客厅之意，17 世纪时期法国上流社会谈论文化、艺术等的社交场合）文化已呈现出欢娱、奢华和及时行乐的风气。而自 17 世纪，来自中国的园林艺术、室内艺术、中国茶叶、丝织品、漆器和瓷器已经传播至欧洲大陆，为各国王室宫廷贵族所倾倒，园林的回廊、假山、亭榭，瓷器上精雕细琢的花卉人物风景和粉嫩色彩吻合了当时法国上流社会的审美趣味，对洛可可风格的形成起到重要作用。1715 年 9 月 1 日，法国历史上最伟大的君王路易十四去世后，路易十五继位，在这位特别崇尚艺术的君主统治法国的 31 年间，政治稳定、经济繁荣，成为欧洲的中心。同时法国优雅、时尚的着装品味为世界所称道，巴黎理所当然而成为世界的时尚中心。当时法国社会崇尚贵族气息，流行沙龙文化，举止优雅、着装华贵的女子在艺术的审美趣味、欣赏爱好方面都是焦点。洛可可风格后传到了英国、意大利、德国等欧洲其他国家，成为 18 世纪流行于欧洲的建筑、室内设计和家具设计的主流设计风格。

　　洛可可艺术反映了法国路易十五时代宫廷贵族的悠闲、慵懒的生活趣味，它以欧洲封建贵族文化的衰败为背景，表现了没落贵族阶层颓废、浮华的审美理想和思想情绪。他们受不了古典主义的严肃理性和巴洛克的喧嚣放肆，追求华美和闲适。

1. 洛可可艺术特点

　　洛可可艺术受到当时输入欧洲的瓷器、漆器、屏风、园林、织锦、地毯等东方艺术的影响，构图不对称，装饰繁琐。常常采用不对称手法，喜欢用弧线、C 形、S 形和漩涡形作造型，尤其爱用贝壳、漩涡、山石作为装饰题材，卷草舒花，缠绵盘曲，连成一体，天花和墙面有时以弧面相连，转角处布置壁画。为了模仿自然形态，室内建筑部件也往往做成不对称形状，变化万千，但有时流于矫揉造作。室内墙面粉刷，爱用嫩绿、粉红、玫瑰红等鲜艳的浅色调，线脚大多用金色。室内护壁板有时用木板，有时做成精致的框格，框内四周有一圈花边，中间常衬以浅色东方织锦。

　　洛可可风格绘画大多描绘衣着绫罗绸缎的红粉贵人，人物形象纤巧、娇艳、飘逸而富贵，流露出浮夸的脂粉气。其中代表性的画家有华托、布歇等。

2. 洛可可风格与巴洛克风格区别

　　洛可可艺术与巴洛克艺术同属于浪漫主义倾向，既有联系又有区别。两者都反映出宫廷贵族的奢华和精美，在建筑外观和内部结构上都体现出这一特点。巴洛克风格是由男性主导的审美，虽然夹杂着阴柔成分，但更多体现了华丽、雄伟、壮观、大气。而在洛可可时代，艺术体现出的是细腻、轻快、甜美、精巧，主要表现在室内装饰上应用明快的色彩和纤巧的装饰，家具也非常精制而偏于繁琐。这缘于女性主导了整个社会的时尚走向，尤其是蓬巴杜夫人所起的作用。此外洛可可风格不像巴洛克风格那样有强烈的宗教气息和夸张的情感表达。

　　在服装方面，洛可可风格女装是巴洛克的延续，1715 年至 1730 年是过渡期，其间留有巴洛克的影子；1730 年至 1770 年是洛可可鼎盛时期，充分体现出娇柔、纤细特征；1770 年至 1790 年走向衰落。与巴洛克女装一样，洛可可也采用紧身胸衣，以加强夸张的胸腰臀结构，突出视觉对比。就造型而言，洛可可裙装体块更宽大，这主要是裙撑的使用，而巴洛克则没有，只是三层裙结构体现。两者展现奢华感，都注重服装细节和装饰的表达，但洛可可更加细腻，如在领口和袖口花边的装饰。18 世纪中后期洛可可女装越来越精致和华丽，由花边、缎带、花结将服装围绕在花团锦簇之中。整体而言，洛可可女装更为精美、优雅，更为女性化；而巴洛克女装较繁琐和累赘。

3. 蓬巴杜夫人（图 2-2-1）

　　洛可可风格的形成，离不开法国国王路易十五和他所宠的蓬巴杜夫人的支持和推动，蓬巴杜夫人对洛可可室内设计风格和家具设计风格大加赞赏，提供大量资金供养设计师在凡尔赛宫内进行大量的研究和设计。路易十五和蓬巴杜尔夫人还积极为设计师提供展

图 2-2-1　蓬巴杜夫人，三层蕾丝荷叶褶是洛可可女装典型特征

示洛可可风格的机会，如凡尔赛宫的改造及部分房间的重新装饰、枫丹白露宫的改造和翻新、爱丽舍宫的建造、巴黎西郊圣白尔曼别墅和巴黎北郊香堡别墅的建造等，这些建筑的改造和建造给建筑设计师、室内设计师和家具设计师提供了一个很好的实践机会，使洛可可风格更加完善、更加成熟，同时将洛可可风格的建筑水平、室内装饰水平及家具制造水平提升至登峰造极的程度。

二、洛可可风格时装设计解析

1. 风格（图 2-2-2）

洛可可艺术是以宫廷贵族和女性的审美趣味为标准，作品充满着享乐主义色彩。作为 18 世纪欧洲服装主要风格，洛可可风格女装与同时期其他艺术形式一样，整体上既有纤巧、甜美、俏丽、玲珑的特征，又有雍容华贵、娇柔媚俗的特点。

2. 造型

夸张对比是洛可可风格表现所必不可少的手法，上身短小紧身，胸部隆起，腰部极细，呈 V 型。而下身在腰间向两侧鼓起，臀部后翘，庞大且长及拖地的大摆裙与上身形成强烈的视觉反差。外轮廓造型主要呈 A 型或 S 型（图 2-2-3）。

3. 款式（图 2-2-4）

洛可可风格延续巴洛克风格特点，女性的体型得到加强，紧身胸衣和裙撑达到鼎盛，注重整体线条和收腰的效果，使女性体型曲线分外明显。裸露是洛可可风格的一大特色，其中性感的蕾丝扮演重要角色，主要装饰于裸露的胸口和手臂等处。与巴洛克女装相同，洛可可时期女装胸口挖得很低，领口成一个大的 U 或 V 字型，露出前胸，但洛可可风格更为精致和优雅，并体现出装饰性（图 2-2-5）。袖身窄瘦，长至肘部，在袖口处以透明蕾丝特别设置张开呈喇叭状造型，通过拼接产生飘逸流动的效果，三层蕾丝荷叶褶是 17 世纪末至 18 世纪中叶欧洲女装的典型细节（图 2-2-6）。服装布满大量的皱褶，尤其是腰间、后臀和裙侧，以体现出夸张的造型。裙装以连身裙为

图 2-2-2　典型的洛可可风格表现

图 2-2-3　S 型的洛可可女装

图 2-2-4　灵感来自洛可可风格的女装设计

图 2-2-5　Etro 带洛可可风格的设计细节

图 2-2-6　灵感来自于三层蕾丝荷叶褶的女装设计

图 2-2-7　紧身胸衣是洛可可女装必不可少的搭配

图 2-2-8　突出腰部是洛可可女装特点

图 2-2-9　花饰之一

图 2-2-10　花饰之二

主，裙下摆呈敞开式伞状结构，半截裙则多是高腰的款式。

华托服

以画家华托命名的华托服是洛可可初期最具人气的款式，服装后背从颈部向下设置了一排有规律的褶裥，与拖地的裙摆一同散开，走动时飘动，别具韵味。其他主要款式还包括打褶连身裙、蕾丝上衣等。

紧身胸衣

胸衣结构完全符合人体，在后背系扎，在胸前有倒三角形的胸饰，视觉上加强了体型的纤细效果。低胸结构胸衣将胸托起，并收住腰部和腹部。外穿类似披风的外套，露出精美的胸衣（图 2-2-7）。

裙撑

裙撑是洛可可风格的表现之一。由于此时裙撑架的形式为前后扁平、左右对称，外穿衬裙，衬裙外露（图 2-2-8）。

装饰

花饰是洛可可风格的典型装饰手法，以丝织品嵌花、透明薄纱的垂饰、褶裥装饰的花边、繁复的缀饰、精巧的饰边和蝴蝶结展现华丽和精致（图 2-2-9、图 2-2-10）。

装饰分布主要以领部为主，此外还包括胸衣领边、开襟处、袖口、胸前、衬裙下摆和裙身中等部位，整款服装犹如花团锦簇。虽然洛可可风格也沿用大量花边和缀带装饰，但与巴洛克相比已减了不少，更为简洁（图 2-2-11）。

图 2-2-11　繁复装饰是洛可可女装特点

图 2-2-12　洛可可风格裙装设计，金色和银色被大面积使用

图 2-2-13　洛可可风格花型

图 2-2-14　洛可可女装花形以自然、写实的花卉为主，图为 1785 年女装

图 2-2-15　柔软的丝缎最适合表现洛可可风格

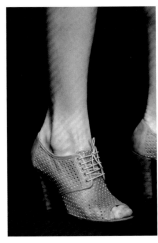

图 2-2-16　具洛可风格的女鞋

图 2-2-17　融运动和洛可可风格于一体的设计

4. 色彩

洛可可风格崇尚自然，在蓬巴杜夫人引领下，色彩上没有巴洛克时期的艳丽和浓重，强调轻快和优雅，舍弃了沉重的灰黑白，而选用粉彩色调，如粉红、浅蓝、米白等，其中粉红和浅蓝被视为"典型的洛可可风格"。与巴洛克风格相比，洛可可风格女装色调较统一，主色与辅助色以同一色或邻近色系为主，视觉和谐悦目。

在 2008 年和 2009 年流行的洛可可风潮中，金色和银色被大量使用，这是 20 世纪 60 年代风格的延续（图 2-2-12）。

5. 图案（图 2-2-13）

与巴洛克风格大花型相反，洛可可风格主要流行小型碎花草纹样。印花布料是洛可可风格主要元素之一，图案也多以花卉等自然形态为主，以写实形式表现。受中国的瓷器、织锦以及园林艺术的影响，中国传统图案中的龙凤、仕女、麒麟和亭台楼阁等图案也运用于女装中（图 2-2-14）。

6. 材质（图 2-2-15）

织锦缎、雪纺绸、蕾丝、印花亚麻布、中国绉纱广泛用于紧身胸衣和裙装中，而塔夫绸则是裙撑的主要材质。此外丝网纱、织带主要用于洛可可风格女装的装饰，动物毛皮作为装饰被用于围领。

7. 配饰（图 2-2-16、图 2-2-17）

帽子是主要配饰，戴在高耸的发髻上，有造型各异的花朵、羽毛、小鸟甚至帆船作装饰。此外还有体现贵族气氛的绣花手帕、蕾丝面具、古典风格绢质折扇、绣花高跟鞋、镶有珠石的饰品等也是常见配饰（图 2-2-18）。

8. 发式

典型的发式是以棉花、塔夫绸等为填充物，使卷发堆扎起高耸发型，以羽毛和假花作装饰。

图 2-2-18　以帆船造型作帽饰的洛可可风格女装

图 2-2-19 以连续褶的扇形结构装饰后背，图为 Balmain2007 年春夏设计

图 2-2-20 Chanel2006 年洛可可风格女装设计

图 2-2-21 Jean Paul Gaultier 2006 年秋冬设计的紧身胸衣

图 2-2-22 带洛可可风格元素的设计，图为 Byblos2008 年春夏作品

三、洛可可风格时装流行演变

洛可可风格女装造型夸张，设计手法矫饰造作，细节精巧繁琐。在现代时装流行中，洛可可风格只是昙花一现，如 21 世纪初的新浪漫主义风潮中，设计师借助波希米亚情调掺杂着洛可可风格的一些元素。2003 年 Dior 的秋冬系列中，设计总监 Galliano 以全新的街头理念重新演绎了 18 世纪的洛可可风格，荷叶袖、粉彩色、褶裥、宽大裙裾等细节经设计师的巧妙构思，反叛色彩浓郁。由于《绝代艳后》的上映，时装界于 2006 年和 2007 年持续演绎了洛可可风格女装，（图 2-2-19），设计师将洛可可服饰的细节运用于设计中，Chanel 作品中洛可可式廓型和荷叶滚边随处可见（图 2-2-20），而 Jean Paul Gauetier 继续施展其对紧身胸衣的现代演绎（图 2-2-21）。图 2-2-22、图 2-2-23 所示设计都带有洛可可的印记。

图 2-2-23 洛可可风格裙装设计

四、洛可可风格时装作品分析

1. 宫廷贵族气息的洛可可风格设计（图 2-2-24）

Chanel2007 年春夏高级女装系列紧随流行热潮，作品处处洋溢着洛可可宫廷气息。这款高腰裙装设计上身紧身，裙下自然张开，呈 A 型。主设计师 Lagerfeld 大量采用轻薄飘逸的雪纺，裙身以荷叶边结构层层叠叠，透视的材质尽显女性魅力。独到的面纱和领口结细节设计隐隐透出贵族气，让人回味无穷。

2. 现代版的洛可可形象设计（图 2-2-25）

在图 2-2-25 所示设计中，设计师超越了时空限制，将灵感取自洛可可艺术，尤其是 18 世纪华托的画作，运用了粉嫩的色彩、柔软的线条和层叠抽褶的细节处理，使设计充满着诗情和细腻成分，并散发出女性化的纯情和天真。这款设计主要运用抽褶手法，在领口、袖和下摆处理手法不一，形态各异，塑造出具有建筑般的体积效果，这也是 2007 年和 2008 年流行的延续。荷叶状袖口是洛

图 2-2-24 Chanel 2007 年春夏设计

图 2-2-25 现代版洛可可形像设计

图 2-2-26 John Galliano 2003 年秋冬设计

图 2-2-27 Ferre 2001 年秋冬设计

可可特征之一。松身的上装上，设计师以荷叶状抽褶，层层叠叠，配上短裙，浪漫情调呼之欲出。鲜艳的嫩黄色与灰调的米黄形成强对比，将整款的现代感表达无遗。

3. 运用混搭手法的洛可可风格设计 (图 2-2-26)

英国设计师 John Galliano 的设计天马行空，他为 Dior 2003 年秋冬所做的设计灵感来自于 18 世纪的洛可可服饰。这款设计以抽褶荷叶状结构作为主要设计元素变奏，散落于领口、胸前、袖口，轻薄雪纺随着模特的款款走动而纷纷起舞，洛可可风格特点显露无遗。搭配性感系结式裤装现代而时尚。历史上洛

可可风格的形成受中国和日本等诸多东方元素的影响，Galliano 将这款设计配上了日本艺伎妆容。

4. 结合骑士裤、建筑风、中性风格的洛可可风格设计 (图 2-2-27)

意大利设计师 Gianfranco Ferre 擅长运用宫廷服饰元素塑造现代女装形象，2001 年秋冬的这款服装充分证明 Ferre 把握时尚的能力。Ferre 将洛可可时期女装的伞状袖结构作为设计元素，以绑缚结构的细密折裥分布于上身各部位，形成一个膨大的球体状，无意中流露出 Ferre 孜孜以求的建筑风。造型紧窄的裤装以拉链作点缀，散发出浓浓的中性感。

第三章 19世纪末至20世纪20年代的时装风格

第一节 新样式艺术风格时装

一、新样式艺术风格产生的相关背景

一般认为，作为欧洲近现代艺术流派，新样式艺术始于19世纪末，大致结束于20世纪初。新样式艺术又称"新艺术运动"，即法文的Art Nouveau，这一词来源于1895年德裔法国实业家兼艺术家Siegfried Bing（西格弗·宾）在巴黎开办的一家艺术品商店的店名La Mansion Art Nouveau。

新样式艺术运动是一种广泛的艺术思潮和艺术实践活动，所涉及的地理范围包括欧洲大陆、英美以及部分东亚和中亚地区，前承19世纪中后期的工艺美术运动，后启在两次世界大战之间流行开来的装饰艺术运动（Art Deco）、现代主义思潮。大致可分为三个阶段：第一阶段（1893–1895），第二阶段（1896–1900），第三阶段（1900–1914）。新样式艺术的实践者们随着当时社会工业、商业经济的迅速发展对于传统的艺术观念提出了质疑，并通过创作实践证明了"生活即艺术，艺术即生活"这一核心理念，该理念的价值在于推翻了传统艺术观念中

对于工艺美术的定位，强调艺术家在过程中的个性因素，该理念继承并发展了英国工艺美术运动的代表人物William Morris（威廉·莫里斯）"艺术家应该走入生活，艺术应与技术结合"的基本理念。另外，新样式艺术中的"新"在强调材料之新、技术之新的同时更强调了理念上的创新与发展，在当时的法国、德国、比利时、英国、意大利、捷克、美国、奥地利等国家均具有不同的表现形式，所涉及到的领域也较为广泛，代表性的领域有建筑、家具、绘画、纺织品、园林设计等，对于当时的社会生活产生了极为全面、深远的影响。

新样式艺术的理念深受自然主义、历史主义、象征主义及拉斐尔前派理念的影响，在具体的内容及创作形式上则采用了大量的东方元素，如日本浮世绘、中国风情的工艺品、阿拉伯文化等，同时亦传承、改造了西方历史上的洛可可艺术样式，从一定程度上结合了东西方的艺术特征，这一特征在当时的艺术领域均有所体现，其影响波及到了后来的迪考艺术（Art Deco）。

1. 新样式艺术特征

新样式艺术的本质之一在于师法自然，以装饰为表现重点，在借鉴传统艺术风格的基础上（如巴洛克艺术、洛可可艺术），大量表现了植物、昆虫、动物的自然元素，强调非重复性的韵律感、跳动感，以曲线形式模仿表现动植物的形态特征，其表现形式大量运用于绘画、建筑、招贴画甚至是家居设计、建筑设计。例如，西班牙艺术家高迪在他所设计的建筑作品中，以曲线形式表达设计的立体形态，具有流动性曲线特征（图3-1-1）；法国的拉力克于1897–1898年创作的Dragonfly Women（蜻蜓美人）胸针，以珐琅、金、宝石等材料塑造出了具有突出新样式风格的动物、女性形象，胸针的造型均以曲线形态为主，同时也非常注重作品本身的实用

图3-1-1 高迪设计的巴特罗之家（Casa Batllo）

图 3-1-2　蜻蜓美人胸针
图 3-1-3　1883 年新样式风格女式接待裙，沃斯设计
图 3-1-4　高级时装鼻祖查理·沃斯

性（图 3-1-2）。

新样式艺术除了在设计理念及表现形式上强调创新，同时也在材质的使用上突显了创新性，范围包括纸张、木材、纺织品及陶瓷。1880 年前后，工艺美术设计大师莫里斯将纺织物应用在室内家居装饰上，因此而影响了新艺术运动时期纺织品的创作特征。新样式艺术纺织品所表现的形象具有鲜明的地域民族特色，花卉、风景、动物、人物等形象被大量采用，一些独特的动物形象甚至还被生动地表现在纺织品图样设计中，这一特征同样证明了新样式艺术的本质，即对于自然的重视和表现。

2. 新样式女装

新样式艺术时期的服装是古典样式向现代样式过渡的一个时期，流行于 19 世纪 70 年代至 90 年代的巴斯尔裙撑式样强调女性侧面呈 S 型的审美标准继续影响新样式时期的服装造型，尤其是后翘的臀垫造型加强侧面的曲线效果。自 19 世纪 90 年代后巴斯尔裙撑虽逐渐消失，但依然通过紧身胸衣收紧腰部，或是通过撑骨或褶饰强调臀部的外翘使女装正面呈 X 型。而侧面则形成具有装饰性的 S 型，具有洛

可可式的矫饰感，更强调整体形态的自然曲线感（图 3-1-3）。

1900 年至 1910 年是新样式艺术的鼎盛期，这一时期女装的外形形态更为自然流畅，没有刻意的造型夸张或是繁琐的边缘装饰，腰部及臀部的曲线合体而优美，羊腿袖的设计强调了肩臂处的夸张造型。与之前工艺美术时期的女装相对比来说，注重装饰感的同时也更多考虑了着装者本身对于舒适性的要求，去掉了一些过于繁锁的细节，服装整体更趋于现代主义的倾向。

3. 高级时装之父 Charles Frederick Worth（查理·沃斯）（图 3-1-4）

新样式艺术代表性时装设计师有高级时装鼻祖 Charles Worth 和他的儿子，查理·沃斯是第一个采用真人模特的设计师，于 1865 年在巴黎开设 House of Worth，并销售设计图稿，为顾客量身设计定做高级时装。沃斯的设计代表了新样式由传统向现代样式的过渡，其代表性的裙装设计优雅而奢华，整体造型前凸后翘，装饰图案主要以曲线缠绕的植物图案为主，具有典型的新样式艺术特点。

二、新样式风格时装设计解析

1. 风格（图 3-1-5）

新样式风格女装既具有欧洲历史上洛可可、巴洛克艺术的繁复夸张，同时因受东方艺术（中国元素、日本元素、阿拉伯文化元素等）的影响，于外形形态及内部造型方面都具装饰感，有着宫廷的奢华与精致，设计语言委婉优雅，极富女人味。由于结合了东西方不同维度上的文化艺术特征，新样式风格女装既古典也现代，既含蓄也外露张扬。整体上所表现出的女性形象为优雅而精致、俏丽的，并着重强调了女性自然曲线，这种曲线有时甚至是扭曲的。

2. 造型（图 3-1-6）

新样式女装逐渐舍弃了巴斯尔裙撑，造型因此相对自然，衣身窄小，紧身胸衣的使用使腰部紧收，裙子常用三角形的插片使裙身扩展为喇叭形状，同时以细腰丰臀的 X 型为正面造型，侧面则强调 S 型，表现为挺胸、收腹、翘臀。

3. 款式

新样式女装款式细节上具有洛可可艺术的风格特点，强调女性细腰丰臀的美感特征，但这一时期的紧身胸衣相比较历史上的紧身衣而言，材料上有了较大的改进，腰部收紧呈纤细的外形（图 3-1-7）。款式注重装饰性，既体现在 S 型造型上，也体现在细节的装饰上，提倡手工并重视手工制作，不排斥服装机械化发展对于服装所起到的影响，因此款式上既拥有高贵华美、注重装饰的宫廷特征，又不乏趋于简练线条、强调功能的现代服装理念，同时还隐约透露出人文情愫。

袖

袖身是新样式女装装饰的重点，用多层花边及羽毛、亮片等材料堆积起来形成具有体量感的袖子。堆积隆起的袖子根据服装主体的风格有时夸张而张扬，有时则自然而俏丽。另外羊腿袖也是典型的代表，通过抽褶和填充使袖山隆起形成夸张的造型，袖子下半部紧裹住小臂，而袖子的顶端和袖口则装饰以多层花饰或蕾丝，更加突显了袖身的造型，具有洛可可宫廷风格的遗韵（图 3-1-8）。

领

女装领口设计以低领口和带花边的立领为主，弧形领口以多层抽褶花边作为装饰，或是堆积层叠的绉纱，领口开始直至腰线以上的部位常以花边按视觉进行分割为几个部分，并同时点缀绢花、蝴蝶结、流苏等装饰物，在某些款式的礼服设计里，领口也常按照

图 3-1-5　Charles Worth 年设计的丝缎接待裙

图 3-1-6　带有紧身胸衣和裙撑的典型 S 型女裙，Charles Worth1888 年设计

图 3-1-7　19 世纪 80 年代的紧身胸衣

图 3-1-8　羊腿袖，1895 年 Charles Worth 在巴黎推出的日装设计

图 3-1-9　Prada2008 年春夏设计

图 3-1-12　丝质雪纺 S 型裙装，1903 年作品

图 3-1-10　植物纹样装饰的新样式风格丝质晚装，Charles Worth1900 年设计

图 3-1-11　典型的新样式风格色彩组合，Prada2008 年春夏设计

图 3-1-13　充满新样式风格的图案，Doo-Ri2012 年春夏女装设计

动植物纹样的曲线形态进行设计，具有明显的自然主义倾向（图 3-1-9）。

裙子

裙子主要是以前平后凸的喇叭形状为主的设计，这一时期巴斯尔裙撑虽已逐渐被抛弃，但为了达到极具装饰感的 S 造型，裙子往往以多层衬裙塑造外裙的造型，有时会使用撑骨达到圆润的外形。在裙子后片打褶并使后片拖曳也是新样式裙子常见的款式。裙身整体呈喇叭状向外扩展，而分割的裙片间加入的三角布使裙身部分的线条更为圆润优美，后臀往往通过打褶蓬起，但不过分强调臀部造型，后裙片长而曳地，错落的植物纹样成束或散落点缀于以丝绸材质为主的裙体上，配合明快、亮丽的色彩使服装整体具有轻盈优雅感（图 3-1-10）。

4．色彩

新样式女装的色彩以明快、亮丽的色系为主，金银色、粉色、香槟色是常用色，与曲线形的服装廓型及细节装饰相配合可形成一种轻佻、活泼的风格，在色彩的选用原则与洛可可艺术颇有相通之处，黑色及褐色也是常用色，刺绣图案及其他的细节往往是装饰效果较好的金银色，与服装主体的深色系相呼应，带有欧洲古典宫廷的华丽典雅感，而这一点也是新样式艺术的典型表现（图 3-1-11）。

5．材质（图 3-1-12）

丝绸、棉花、毛皮等材料是常见的服装材料，天鹅绒也被应用在配件的制作上，例如手包的材料。羽毛、金属及莱茵石等仿钻材料作为装饰物被大量运用，礼服上的图案用亮片、管状金属珠等手工绣成。蕾丝在服饰上的使用也较为普遍，被大面积地运用或是被作为装饰在领口、袖口等局部作多层点缀，与光泽感较好的真丝缎等材质搭配，带有丰富的材质肌理特征。材质较之以前而言充分发挥了材质本身所具有的特质，多种材料的搭配使用也使时装更具多元化的现代服装特征。

6．图案（图 3-1-13）

新样式女装的图案与洛可可的纹样有许多相似的题材，都以花卉植物的自然形态为主，洛可可纹样主要流行小型的碎花草纹样，而新样式的植物纹样着重表现曲线缠绕式的、呈鞭状、连续而流动的线条的特征，既有朵状花型也有呈花束状的，取材较广，包括一些以前较少运用的图案，例如麦穗、喇叭花、果实等具有一定民俗感的花纹。另外，常见的图案还有蝴蝶、人物、星星及一些几何形的装饰图案。新样式艺术在图案纹样的选择上证明了其民众性，而当时很多的民众也的确参与了新样式艺术的发展、创新。

7. 配件（图 3-1-14）

相对于造型上流畅而简洁的衣身而言，帽饰的设计则较为复杂，宽而大檐的草帽及圆顶硬毡帽、无檐帽较为常见，上装饰羽毛、缎带、花边、皮毛等，并点缀花饰，新样式后期，帽子的装饰明显简化，配合填充式的发髻。皮质手套、蕾丝手套、手笼及皮质腰带也是这一时期常见的服饰配件，女鞋有平底软鞋、皮靴、高跟皮鞋等款式。

三、新样式风格时装流行演变

因为与之前的传统艺术风格（古典主义艺术、巴洛克艺术、洛可可艺术）存在着发展上的联系，新样式艺术的风格面貌具有综合性、多元性特征。新样式艺术的流行正如本身的艺术特征一样，往往紧随着其他传统艺术的流行而流行，但区别在于有着新样式艺术精神内涵的设计作品（无论是服装或是其他作品）以强调自然的优美形态、推崇手工为重点，并通过对自然素材的使用彰显其艺术本质，奢华而优雅，是艺术设计中永不会过时的主题。

法国设计师 Christian Dior（克里斯汀·迪奥）于 1947 年发布"New Look"系列，实际上即是对传统女装样式的复古，这一特征实际上与新样式的艺术精神存在着本质上的关联性，以 S 造型强调女性的优雅，重新使用紧身胸衣及裙撑塑造圆润而柔美的曲线形态，套装领口、袖口、门襟等局部的设计更为方便而现代，装饰细节简化，但依然非常重视手工的制作与装饰。1997 年 Dior 新上线的设计总监 John Galliano 继续演绎了这一以曲线形态为主的女性化形象，依然强调了优雅而经典的 S 型曲线形态。

进入 21 世纪后，新样式艺术风格为主的服装无论在廓型或是图案纹样的设计上更加强调自然而优雅的美感效果，这一特征使其可与多种元素相结合，体现出更为多元化的风格倾向。2008 年春夏意大利设计师 Prada 在款式和图案上以典型的新样式艺术形式曲线为主，同时结合 20 世纪 70 年代的元素（裤装、中性化和异国情调印花），呈现出新时代的女性形象。2010 年前后，随着迪考艺术风格的流行，与之相关的新样式艺术也成为众多设计师关注的目标。美国华裔设计师 Anna Sui 的 2010 年秋冬设计以 19 世纪末美国艺术及手工艺术为灵感，同时在图案运用上融入新样式艺术元素，独具异域民族风情（图 3-1-15）。2012 年春夏秀场上，英国设计师 Doo-Ri 女装印花灵感取自英国插图画家 Aubrey Beardsley，带有强烈的新样式艺术风格（图 3-1-16）。

2013 年春夏，新样式主题回归时装界。一向以

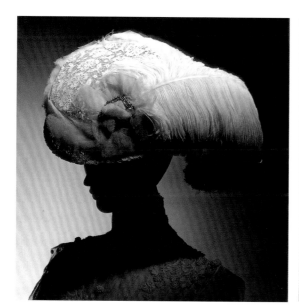

图 3-1-14 造型硕大、装饰鸵鸟羽毛的帽饰，20 世纪初作品　　图 3-1-15 Anna Sui 2010 年秋冬设计图案细节　　图 3-1-16 Doo-Ri2012 年春夏女装新样式风格设计

图 3-1-17　Roberto Cavalli2013 年春夏　　图 3-1-18　Carven2013 年春夏融　　图 3-1-19　Gucci2014 年春夏设计　　图 3-1-20　Alexander McQueen2011
入 Émile Gallé 作品灵感　　　　　　　　　　　　　　　　　　　　　　　　年春夏设计

狂野性感风格著称的意大利设计师 Roberto Cavalli 在 2013 年春夏季设计的印花图案借鉴了新艺术派建筑风格里的螺旋和漩涡元素，结合款式造型展示了女性的曲线之美（图 3-1-17）。而优雅的法国 Carven 品牌将狩猎风格、20 世纪中叶的印度和新样式艺术结合在一起，其剪裁和镂空图案受到法国玻璃器皿设计大师、新样式艺术风格代表 Émile Gallé 的作品影响（图 3-1-18）。2014 年 T 台上运动风盛行，动感线条成为设计的表达手段。在 Gucci 春夏秀中，设计师 Giannini 为体现出流畅的线条，从艺术家 Erté 的新艺术风格插画中寻找灵感，巨大的、卷曲的花朵图案运用于印花中，与运动主题完美结合（图 3-1-19）。

四、新样式艺术风格时装作品分析

1. 灵感来自 Gaudi（高迪）建筑的新样式艺术风格设计（图 3-1-20）

设计师 Sarah Burton 的设计取材于自然界中的动植物形态，如有着奇幻色彩及材质感觉的水母与贝壳、珊瑚等海底生物的肌理形态都被设计师通过层叠堆积的褶饰、微妙过渡的肌理与色彩等手法加以表达，服装的领口、袖口及下摆等边缘部位则以曲线式的自然形态装饰，结合外观层次感丰富、奇异的服装肌理效果透露出一种新样式艺术时期西班牙建筑大师高迪的建筑艺术风格，体现出"艺术必须出于自然，因为大自然已为人们创造出最为美丽的造型"的设计创作理念。在这次设计发布中，Sarah Burton 秉承已故设计大师 Alexander McQueen 的艺术创作理念，整个系列充斥着一种魔幻、神秘的色彩，如图 3-1-20 所示，作品将铜、银、金色与高迪建筑式的服装外造型结合，同时注重营造服装复杂多层次的内部肌理效果，服装材料处理手法游刃有余，柔软的真丝、雪纺等材质与质地挺括的欧根纱互为搭配映衬，间或以金属材料制成的勾勒人体曲线的形态的加入将服装的空间体积感推向极致，身着该类服饰的模特宛如扮成了高贵的女神莅临人间，不同的是，这种有着对于大自然赞誉式的女神并非来自凡俗人间，而更像是来自于森林、大海深处的一种精灵，充满着自然而神秘的气息。无论从设计理念亦或设计形式上来说，Alexander McQueen2011 年春夏的这场发布无疑堪称新样式艺术时装风格的代表。

2. 体现摇滚和嬉皮风貌的新样式艺术风格设计 (图 3−1−21)

被誉为"时尚界魔法师"的美国华裔设计师 Anna Sui 向来以精致的细节、繁复的装饰与摇滚乐的叛逆、颓废结合为其设计主要特征,在 2010 年秋冬的作品中,Anna Sui 的设计立足于美国艺术文化,工艺美术运动、新样式艺术运动代表性的元素被大量运用,在细节上,无论是花色衬衫或是连身裙往往是多层花边袖口、领口及裙摆的设计,新样式艺术代表性的繁复漩涡状花卉植物纹样遍布衣身,极富装饰感的彩色玻璃及自然风景图案与花卉植物纹样在同一服装中出现,在图案装饰的层次感上既丰富多变又被控制于统一的色调之中。另外,Anna Sui 在这一季推出了摇滚女孩与典型的 20 世纪 60 年代嬉皮士风貌

设计,各种花卉、植物形状的颈饰常辅以长长的线状流苏点缀,甜美俏皮的同时散发出一种吉普赛式的慵懒气息。将取材于不同民族与地域的艺术元素以矛盾却统一的形式组合在一起是 Anna Sui 最为擅长的手法表现,2010 年秋冬她将该特征发挥到了极致,将 19 世纪末的工艺美术运动、新样式艺术与各种民族元素、现代元素融合,同时坚持一贯的摇滚音乐风格,各种风格以矛盾而和谐的形式存在,形成了独树一帜的"新样式艺术派"特征。

3. 新样式艺术风格图案与预科生风格嫁接的设计 (图 3−1−22)

法国高级时装品牌 Carven 以优雅的设计、精致的工艺闻名,设计师 Guillaume Henry 自 2008 年任 Carven 设计总监一职后,一直致力于将这一有着优

图 3-1-21　Anna Sui2010 年秋冬设计
图 3-1-22　Carven2013 年春夏设计

秀法国血统的品牌注入新的血液与元素。在 2013 年春夏的系列设计中，Guillaume Henry 将新样式艺术代表人物 Émile Gallé 作品中的自然花卉与曲线图形注入系列设计，以激光切割各类新样式图形，并将图形设计在领口、前胸、腰部等能够突显女性体态的部位，图形的曲线形态与剪裁合体的暗色调为主的连身裙在外形上呼应，而系列中的其他单品设计，如紧身毛衣、花呢外套、束腰茄克等常与镂空状曲线图形设计结合，皮质连身裙、A 型半裙采用立体式自然花卉与枝蔓装饰，单色风景图案在套装及连身裙的设计中与镂空花型的搭配也使该系列的层次感更加丰富。整个系列剪裁优雅大方，系列色彩低调、内敛，各类单品的设计与搭配恰到好处，新样式艺术图形的使用则给予系列作品几分轻松俏皮感，传达出一种整洁而传统的预科生风格，不同的是，Guillaume Henry 在这一季凭借着新样式艺术风格使预科生风格变得更加盎然有趣，同时彰显了 Carven 的品牌风格特征。

4. 狂野性感的新样式艺术风格设计 (图 3-1-23)

Roberto Cavalli 是意大利顶级的时装品牌，创立于 20 世纪 60 年代并在 90 年代回归，设计师 Roberto Cavalli 的设计以性感狂野而著称，他擅于各种动物毛皮、五颜六色的花卉植物及绮丽多姿的自然风景图案设计，对于不同类型图案的组合设计往往令人感觉到奇妙而疯狂，他掌控下的品牌王国是一个富有创造力的幻境般的时装王国。2013 年春夏，Roberto Cavalli 继续他令人惊叹的想象力与创造力，漩涡状及螺纹形状的图形在服装上被沿着女性的骨骼形态而设计，Robert Cavalli 将这种新样式艺术图形的外形形态与其作品代表性的美洲豹等动物形象、枝蔓花卉等缠绕的花卉形象组合，有着强烈视觉冲击力的蟒纹则同样成为这一系列的亮点，Robert Cavalli 有意将这些动植物的图案色彩过滤为有如素描基调的感觉，即使是添加色彩，也只是在素色底子上微妙或跳跃的一抹色彩，而透明材质的透叠感与素色新样式艺术图案的组合使用令设计更富回味余地。单色连身裙的设计更是该系列的精华所在，黑色、白色、裸色及淡绿色的连身裙长度至小腿偏上位置，裙身以印花、绣花、镂空等多种形式沿女性骨骼部位装饰以各种动植物曲线状图形，典型的新样式图形被以各种形式装饰于裙身，裙身则采取极其透明轻薄的材料制作而成，而在胸部按照一定的具象形状（如蝴蝶形）镂

空而成的图形设计凸显了 Robert Cavalli 一贯的性感式设计，同时镂空图形与裙身的新样式艺术图形互为映衬，并配合裙装本身材质的透明柔软性，使整体设计的空间层次感丰富而细腻。Robert Cavalli 在这一节的设计中，可谓将新样式艺术与其个人鲜明的艺术风格推向了极致。

图 3-1-23　Robert Cavalli2013 年春夏设计

第二节　迪考艺术风格时装

一、迪考艺术风格产生的相关背景

20 世纪 10 年代开始，随着新样式艺术（Art Nouveau）的逐渐衰退，迪考艺术（Art Deco），即装饰艺术，在欧美等地逐渐成型并开始大范围流行。迪考艺术是流行于 20 世纪两次世界大战之间的装饰艺术运动，在新样式艺术风潮依然流行但在衰退的同时开始，一直到第二次世界大战前开始流行，准确地说，即 1910 年至 1939 年之间，鼎盛时期则集中于 20 年代的十年间。第一次世界大战结束后，欧美各国经济开始重建，战争所带来的物质破坏使人们在战后对于舒适美好的生活有着根本的追求与向往，电影院、舞厅、展览馆等公共设施被大规模兴建，交通的便利、广告业的发展使社会更为现代化、商业化，而广告也逐渐成为一支独立的行业并越来越受到重视，其传播性即为迪考艺术提供了时代的舞台。迪考艺术所涉及的领域包括美术、建筑、室内装饰、服装、纺织品以及摄影、电影等，战后建筑的大面积重建为迪考艺术提供了实践的载体，生活方式也随之发生了翻天覆地的变化，而这一变化最直接地反映于大众的口味及审美决定了艺术的形式与内容，艺术与商业不再是被割裂开来的两个概念，而成为一种被广泛流传开来的民众的艺术，而装饰艺术对于纺织品设计及服装上的影响较之先前更为突出，在欧美各国均出现了一批在纺织品设计方面有着突出贡献的产品设计师。法国服装设计大师波列的作品的线条、图案、色彩就受到了当时著名的机构"维也纳生产同盟"的影响，表现出装饰艺术奢华而大众的艺术特点。

迪考艺术一词来源于 1925 年的巴黎国际博览会的命名，这次博览会反映了工业文明时代的特色，反对单纯的手工业传统，而主张手工与机械的结合。以法国为主的参展作品一般都以奢侈华丽的装饰风格为主，青铜、象牙、磨漆等以前较少出现的材料被用在艺术作品中，大多数作品既具有东西方文化相结合的特征，又现代主义倾向明显，工艺精细、装饰丰富，代表了迪考艺术盛行时期的艺术风格。迪考艺术虽然从一定程度上是对新样式的反叛与背离，但也继承了新样式及之前工艺美术之对于生命和创造性肯定的理念，而这三者无论其各自在艺术的表达形式或是创作内容方面存在着多么大的差异性，但实际上都是不同形式的装饰风格表达，都汲取了大量的东方元素为表达的形式内容。而迪考艺术的装饰性特征主要是在工艺美术、新样式艺术的基础上对艺术形式及理念方面体现出了更多的综合性与现代性特征，受当时逐渐兴起的立体主义、未来主义、抽象主义等艺术理念的影响较深，现代性特征在诸多产品设计中体现得越来越明显，而所涉及到的领域及产品范围也更加宽泛，包括建筑、雕塑、美术、装帧、纺织品设计等，汽车、飞机、轮船与影像技术、电信技术的飞快发展改变着生活方式，当时不仅在欧美大陆，甚至是亚洲、南非等国家都受到了迪考这一颇具现代性诉求的艺术风潮的影响，并根据不同国家城市的地理、人文特征体现出了不同的现代装饰艺术特征（图 3-2-1）。

1. 迪考的艺术元素

1922 年，三千多年前的埃及古代帝王墓图坦卡蒙（Tutankhamen）墓被发现，古墓中发现了反映出古典建筑风格的居室装饰图案，刻画的题材来源于大自然，但造型被表现为造型简单的几何图形。图坦卡蒙所佩戴的金质面具，由黑、白两色及几何图形构成，极富有装饰感。这一发现震惊世界的同时也对欧美艺术设计界产生了巨大的影响。之后欧美很多建筑的风格及装饰都吸收了埃及古建筑的艺术特点，而狮身人面像、金字塔、木乃伊等形象常被应用于各类设计中。这些形象原始而神秘，华丽而富有装饰感，随着流行的变化而一再被得以运用及演绎（图 3-2-2）。除了埃及，非洲其他地区神秘的原始部落文化成为欧美迪考艺术发展过程中重要的影响因素，欧美的艺术家们从原始的面具、具有某种含义的图腾文化等原始艺术素材中获得灵感进行创作，将创作主体抽象为原始的点、线、面及几何体面的形态关系，结合新的技术、

图 3-2-1　1925 年产的收纳盒和搭扣图案受迪考艺术风格影响　　图 3-2-2　埃及图坦卡蒙古墓出土的陪葬品

材料以机械化的生产方式进行设计生产，并以现代性的诉求作为重要的理念，所设计创作出的作品一方面体现出工业机械文明发展状态下作品的现代性特征，一方面体现出复古主义元素的某些形式特征，而两者之间的关系是兼容并蓄的。正如德国包豪斯的创立者格罗皮乌斯所说"真正的传统是不断前进的产物"。

除了非洲文化，迪考艺术还包括对于东亚文化、南美洲文化元素的采用。20世纪初交通的高速发展促使欧洲与南美洲之间的交流变得更为方便，南美洲的印第安艺术神秘、原始而质朴，成为20世纪20年代至30年代欧洲艺术家们的灵感来源之一，原始而神秘的艺术元素结合了迪考艺术的特征被应用于各类艺术设计实践过程中，造型及线条以对称为主，与现代设计的结合令作品具现代实用性的同时极富装饰感、趣味性。而这一表现也被普遍运用于今天的服装设计领域，并作为时尚流行的表现形式之一不断被设计师以新的手法加以演绎。

2. 迪考艺术风格的建筑

一战之后，欧美诸多国家对房屋、公共设施等进行大规模的重建，为当时逐渐开始流行的迪考艺术提供了较好的施展平台，迪考艺术风格的建筑及装饰受多种风格元素的影响较深，立体主义、表现主义、未来主义、构成主义都是其借鉴的对象，并具有明显的现代主义精神，而美国城市的建筑则体现出了更多的现代装饰主义特征。一战后，美国工商业经济高度发展，20年代的美国摩天大楼被大量兴建，这些摩天大楼往往以垂直、重复的线条作为建筑表体的装饰，而楼的顶端往往以几何形体的反复重叠为主，美国的洛克菲勒中心建筑群则是迪考艺术向现代艺术过渡的代表（图3-2-3，图3-2-4）。欧洲迪考艺术的诸多特征对当时的东亚国家，主要是中国及日本产生了很大影响，作为当时中国金融、商业中心的上海，欧美的时尚文化氛围逐渐形成，上海大厦（原名百老汇）、和平饭店（原名华懋饭店）等均是当时兴建的具有典型迪考艺术风格的建筑（图3-2-5）。如果说新样式艺术时期的建筑表面往往以圆弧状的曲线装饰为主的话，那么迪考艺术时期的建筑则往往更加钟情于折线式的装饰感，反映出机械文明发展下的一种"现代"的"装饰"艺术。这一艺术形式对于服装设计的影响深远，一直到今天很多时装设计师都在设计中参考借鉴了迪考艺术在建筑设计中的线条艺术，运用反复、递增的几何形体表达出独特的服装美学概念。

3. 新样式艺术与迪考艺术

新样式艺术与迪考艺术在历史上是紧密相关、互为衔接的两个阶段，新样式崇尚手工之美，而迪考肯定机械之美、提倡工业化的生产方式，并在设计理念上表现出对新样式艺术的一种反对与叛离。但同时，新样式与迪考艺术在题材的选择上同样以自然界的动植物、人物纹为主，迪考倾向于以抽象手法表现出更富于现代性的创作内容。在具体的服装设计当中，以抽象形式为主的迪考式线条或图形、以具象形式为主的新样式纹样往往在同一服装作品中被组合起来，这

图 3-2-3　建于 1928—1930 年的克莱斯勒大厦
图 3-2-4　克莱斯勒大厦装饰细节
图 3-2-5　和平饭店内景

样的组合形式赋予服装独特的审美，并肯定了两种艺术形式在创作理念上的关联性。

二、迪考艺术风格时装设计解析

1．风格 (图 3-2-6)

迪考即装饰风格，这种装饰风格代表的是一种具有综合性的风格表现。在题材与内容上，迪考风格服装的外造型与图案、细节等往往是从具象事物的形式上抽象、归纳出来的一种具有几何形外观形式的艺术表现，而具象事物的原型则往往来源于历史上或其他地域的文化艺术素材，例如从迪考艺术鲜艳对比的色彩、对称的线条图形、繁复奢华的装饰细节中都不难看出非洲及东方文化的影响。因此，汲取了来源于传统艺术文化元素的迪考服装在其表现上质朴而简单，追求直线型或自然型的外轮廓，注重装饰但不矫揉造作，对应的图形纹样以对称为主；其次，随着社会生活及工业文明的进步，工业化的生产方式及产生于这种方式下对应的设计观念也作为时代因素影响着迪考艺术，因此迪考艺术服装的样式具有一丝硬朗的现代风格，这种现代风格与迪考的其他艺术形式息息相关，如迪考建筑的影响，所以迪考服装是基于现代设计理念下产生的一种包含诸多艺术文化信息（也包括传统文化、异域文化等）的设计表现形式，具有综合性的装饰主义风格特征，它是现代的，轻松而随意的，

设计表现则夸张而硬朗，装饰感极强。

2．造型 (图 3-2-7)

在 20 世纪 20 年代，迪考艺术女装以最能突显其本质的 H 廓型和自然型为主，女装则往往为无领、无袖的设计，衣身修长笔直，强调无明显性别倾向的廓型特征，造型的整体感较强，不过分突出局部及细节设计的造型形态。而今天具有迪考艺术风格的服装设计作品也大多以简练、宽松而流畅的外形为主要的造型特征，造型则强调服装的几何式分割与组合，而金字塔式造型作为迪考艺术的常用造型具有典型的埃及风格。

3．款式 (图 3-2-8)

迪考风格的服装作品以强调设计的装饰性为原则，在服装上采用的图形多为对称形式的设计，常见的图形有纵向反复的线条、呈发射状线条及各种被抽象为几何形态的图形设计，配合迪考服装直线型的廓型、同样富有装饰感的色彩以达到预期的艺术外观。黑色与白色及金色是最能体现迪考艺术特征的色彩，与各种图形的搭配常常可以取得耀眼而华丽的外观效果。迪考风格的服装作品不仅强调图形设计的对称性，服装整体的布局也多以对称为主，不夸张或突出繁琐或多层次的局部细节设计，而重点在于通过各种方式完成视觉上或是实际意义上的装饰设计，例如多次分割衣片并以分割的线条或几何形作为装饰主体（图 3-2-9）。

图 3-2-6 灵感取自古埃及艺术品的几何图形晚装，1927 年由 Vionnet 夫人设计

图 3-2-7 线条自然的迪考艺术风格造型，2010 年秋冬 Gareth Pugh 设计

图 3-2-8 1927 年以几何图形为特征的迪考风格裙装

图 3-2-9 款式简洁、注重几何图形构造是迪考艺术风格的表现

图 3-2-10　好莱坞影星 Joan Crawford 于 1929 年身着迪考风格裙装照

图 3-2-11　2013 年春夏 Hervé Léger By Max Azria 品牌推出的融入部落文化、铠甲元素的迪考艺术风格设计

图 3-2-12　2013 年春夏 Elie Saab 以蕾丝进行图形拼接的晚装设计

图 3-2-13　Hervé Léger by Max Azria2013 年春夏设计采用黑白两色与浅金色为主，与典型的迪考式图形相结合

裙装（图 3-2-10）

迪考风格的女裙整体自然、舒适，往往采取无领、无袖的设计，低腰线的设计配合面料良好的悬垂性使视觉中心向下。这种款式的裙装在迪考艺术流行的 20 世纪 10 年代至 30 年代主要分为两种形式，一是较注重装饰感的裙装设计，二是以夏奈尔所设计的黑色直身裙为代表的裙装设计。前者裙身表面往往装饰以迪考风格的图案，色彩鲜艳、强烈，手工钉珠、刺绣等也常被作为主要的装饰工艺手段，而低低的腰节部位有时会点缀花朵、蝴蝶结等装饰物，整体风格以奢侈、华丽为主（图 3-2-11）。而黑色裙装相对来说则更能够体现出迪考服装的现代性，这种裙装依然以管状廓型为主，裙长变短因此而更加方便于人的活动，装饰虽然减少但同时也较注重表现服装本身的光泽感及肌理效果，有时裙身上带有直线状的褶裥，形成规则的线条装饰。

套装

迪考艺术是集设计的现代性与装饰性于一体的艺术形式，而现代性指设计的出发点集中于产品的实用性及功能性，并尽可能去掉多余的装饰；装饰性则指试图通过合理的设计将产品的实用功能与审美功能统一。"夏奈尔样式"套装于 20 世纪 20 年代前后的流行则反映出迪考艺术兼有现代性及装饰性的特征，套装包括衣、领、袖口均有边缘装饰的上装、裙装和衬衫组成，奠定了现代职业女性套装的基础，迎合当时女性的需要及社会环境的变化，并对当时欧美女性的日常服装装扮产生了广泛的影响，而服饰与环境之间的关系也在这一时期得到众多时装设计师的重视。

异域风情元素运用（图 3-2-12）

带有某些异域风情的款式及细节设计也是迪考风格的女装中较为常见的，宽松而随意的袍式上装设计、具异域风情的头巾或灯笼裤的设计与东方样式的盘扣等细节常常出现于迪考服装设计中，而来源于东亚、美洲等地的异域风情的图案纹样在服装上按照线条的方向排列，形成规律性的装饰效果。

装饰（图 3-2-13）

迪考服装的装饰手法随着技术、材料的发展表现出多样性的特征，迪考风格的礼服设计不仅从色彩、材料上以奢华的视觉效果为主，并常以手工刺绣、钉珠等手法形成抽象的图案作为装饰重点。在迪考艺术盛行的 20 世纪 20 年代，较为流行的流苏装饰、带状装饰及皮毛等装饰往往被点缀于服装的袖口、下摆等处，这些细节上的装饰手法今天仍频繁地出现在迪考服装设计中。

4. 色彩 (图 3-2-14)

迪考艺术最具代表性的色彩是金色、银色、黑白色及红色、黄色等，这些色彩富有绚丽夺目的装饰效果，并常在设计中与装饰感极强的图形、光泽感突出的材料相配合，例如金色往往被作为服装图案的色彩，底色则为黑色，装饰效果具有一种华丽的复古风格。

5. 图案 (图 3-2-15)

迪考艺术在其发展过程中先后受到了东方文化、非洲文化及南美等地异域文化的影响，而立体主义、现代主义、抽象主义对于迪考艺术在上述原始传统文化的吸收、采纳方面又产生了现代性的影响，因此迪考艺术肯定机械之美，大量的纺织品图案采用对称的几何形设计，这一方面代表着一种艺术形式，另一方面这种图案设计也非常有利于进行大规模的机械生产，说明迪考艺术向现代艺术的一种转变与过渡。而古埃及及非洲其他地区文化，如木雕、面具、民族服饰自 20 世纪 10 年代后影响了欧美的艺术设计领域之后，各种对比鲜明的放射形线条、齿形纹样、金字塔形状、条纹装饰等一直影响着迪考服装的

图案设计，21 世纪以后这一类来源于远古文明的装饰纹样以更加现代而抽象的形式出现在服装设计中（图 3-2-15）。

另外，摩天大楼的建筑外观线条、体块也被变化为迪考服装中的装饰性线条，以同样对称的形式配合笔直的服装轮廓出现在设计中，使迪考服装颇具硬朗的现代风格。

6. 材质 (图 3-2-16)

迪考艺术对于材料的使用具有一定的颠覆意义，这一特征在服装设计领域的表现同样非常突出。在历史上，夏奈尔在 20 世纪 20 年代将用于男性内衣的针织物用于女装设计的创举及使用人造宝石作为配饰材料的作法，堪称为迪考艺术在材料应用方面的典范。在今天，迪考风格的服装作品用材更趋多样性特征，手法更为大胆前卫，除了真丝、雪纺、羊毛、丝绒等常用材料之外，皮革、合成纤维、人造丝、塑料等材料也较为常见，有时为了达到服装所需要的光泽度，金属、玻璃等非常规的材料也被用在装饰设计里。

7. 配饰 (图 3-2-17-1，图 3-2-17-2)

可与迪考风格服装主体相搭配的配饰以配合整体风格为主，例如流行于 20 世纪 10 年代至 20 年代的浅口女鞋，鞋面甚至略呈弯曲外形的鞋跟都布满了几

图 3-2-14 1925 年体现迪考风格特征的木质鞋跟图案装饰
图 3-2-15 1928 年受迪考风格影响的舞蹈服
图 3-2-16 Chanel2011 年春夏质地轻盈、透明的裙装设计，多元化的材料处理手法，拼接图案呈现迪考风格特征
图 3-2-17-1，图 3-2-17-2 Fendi2013 年春夏推出的迪考风格鞋和包袋设计

何形、条纹的图案设计，色彩对比强烈，具有明显的异域风格。这一特征同样也表现在帽子及手套的设计上，例如带有东方风情的头巾、软呢女帽等。迪考女装的腰线偏低，位于胯部，往往以花朵状饰物装饰或是蝴蝶结形状装饰，也有将腰带随意系扎腰间形成飘逸而下垂感。而迪考风格的包袋设计最大的特征则体现在以线条对色块进行分割，以形成规则或不规则的几何形块面，也有以金属或玻璃等反光效果极强的材料作为包袋的表面装饰，而这些材料同样被切割为几何形的形状，有着奢华而现代的装饰风格。

8. 化妆和发式（图 3-2-18）

埃及式的化妆以夸张的色彩为主，眉毛及眼睑的颜色黑而浓，嘴唇和脸颊的色彩也较为夸张，因其夸张的装饰性被很多设计师一再在其设计中予以表现，具有奢华的舞台艺术效果。一般情况下，更倾向于现代感的迪考风格服装，与其简单、宽松的服装外形相匹配的发式则以直发或整齐的束发为主，脸部及眼部的化妆有时用金银色系，有时以简单、自然的色系为主，妆容清新、干净，与整体风格匹配。

三、迪考艺术时装流行演变

迪考艺术代表着古典、传统的艺术与技艺向现代艺术的过渡与转变，艺术形式上具有综合性、复合性，并在一定程度上代表了一定的包容性，这一特征决定了迪考艺术相对于其他艺术形式而言更为长久的艺术生命力。自 20 世纪 20 年代迪考艺术图形盛行之后，在 40 年代女装出现了格纹、条纹等图形运用。而在六七十年代，迪考艺术再次流行，与当时其他的艺术风格相结合，表现出新鲜而另类的艺术特征，如蒙德里安的抽象绘画元素。此外 70 年代的格纹、条纹流行延续了 40 年代的风格特征。

进入 21 世纪后，迪考艺术的流行几乎贯穿了头十年。2001 年至 2002 年时尚界的设计师们纷纷以迪考艺术为设计的灵感源泉，致力于表现 20 世纪 10 年代至 20 年代的服装艺术风格，既表现奢侈华丽的装饰风格，也表现直线型的类似于迪考艺术建筑外观的现代风格，不断演绎的设计手法与高科技面料的组合令 21 世纪初的时装舞台异彩纷呈。2003 年至 2004 年，Christian Dior 品牌在其高级时装发布中先后以东方文化、埃及文化及异域文化为设计灵感，以大胆而夸张的手法再现了古埃及艺术：金色几何形金属片遍布衣身，造型夸张的头饰，黄金色的面具及古

图 3-2-18 Christian Dior2004 年与埃及主题设计相呼应的妆容设计
图 3-2-19 Louis Vuitton2011 年春夏结合中国主题的设计
图 3-2-20 Gucci2012 年春夏带有爵士元素的迪考艺术风格设计

埃及的人物纹样设计等，这些元素以夸张到极点的舞台语言将装饰艺术语言发挥到极致。

2006 年至 2007 年，迪考艺术再度流行，Versace2007 年秋冬的流行发布会中的金属色短裙上点缀的几何金属亮片与直线型的裙装廓型相映衬，赋予一种华丽而冷艳的风格特征。2011 年春夏，Louis Vuitton、Chanel、Missoni、Pedro Louren o 等品牌发布会上再次出现了迪考艺术风格的设计，Louis Vuitton 的设计以旗袍为灵感，将东方风情与迪考艺术巧妙结合，塑造出具有现代审美特征的时尚形象（图 3-2-19）。2012 年春夏 Gucci 的设计灵感来源即为美国迪考艺术代表性建筑克莱斯勒大厦，主设计师 Frida Giannini 将大厦图案印在裙装上，秀场带有浓浓的 20 世纪 20 年代爵士元素（图 3-2-20）。

2013 年春夏以后，呈直线状、折线状的线条，各种对称的几何图形大量出现在众多设计师的作品中，为了达到具有发射状的光感效果，设计师将图形配合色彩及光泽感极强的闪光面料进行构思，在视觉上形成奢华而耀眼的装饰效果。

相对 20 世纪迪考风格的服装作品而言，21 世纪，尤其是 2010 年后具有迪考艺术风格的服装作品的设计手法更为多元化，所表现出的装饰性不再局限于图案的设计，而更多倾向于从服装的层次感及构造上营造出颇富装饰意味的视觉效果，而迪考艺术也多与其他艺术风格互为结合，表现出了综合性的装饰艺术效果。如 Elie Saab2010 年秋冬、2013 年春夏、2014 年春夏和秋冬都利用透明纱、蕾丝与其他材质拼接组合，形成穿插、透叠的具有秩序感的几何形状，同时设计不乏高贵、优雅气息（图 3-2-21）。而意大利品牌 Missoni 在迪考风格的设计上更是别具一格，2013 年秋冬通过针织的织法设计创造出了令人惊叹的渐变式几何图形肌理，在视觉上给人以变幻的感觉。而 2014 年春夏，以针织闻名的 Missoni 品

牌结合自身设计基因，在设计上由肌理上的装饰性转向了颇具自由、前卫精神线的运用，服装全身垂挂着飘荡的白色纱线，腰位较低，使纱线垂坠感更为突出，而服装的黑色则映衬出了垂直悬荡的白色线条图形效果，另类而新颖（图 3-2-22）。

四、迪考艺术风格时装设计作品分析

1. 灵感来自 Helmut Newton 摄影作品的迪考风格性感表达 (图 3-2-23)

美国时装品牌 BCBG Max Azria2013 年春夏设计灵感来源于著名时装、人体、名人摄影家 Helmut Newton 的摄影作品，但不通过大面积裸露女性躯体来表达这一主题，而是通过马具、图形等设计元素表达了性主题。设计师 Lubov Azria 强调了马具在这一系列设计中的关键性，皮质马具装饰自模特颈部开始，长度直至腰部或胯部，马具装饰的图形形状以左右对称为主，以马具图形的组成线条重点强调了颈部、胸部及腰部，装饰覆盖于材质柔软的绉纱长裙与外套的外面，从视觉及心理上形成了束缚与渴望解放

图 3-2-21 2014 年秋冬 Elie Saab 透出优雅气质的迪考艺术风格设计

图 3-2-22 2014 年 Missoni 春夏运用材质创造出的独特迪考艺术风格

图 3-2-23 BCBG Max Azria2013 年 春夏设计

的隐喻。系列时装中的蕾丝裙、丝质长裙或是皮质
茄克被以各种形式设计为具有典型迪考艺术形式的
图形，例如黑色蕾丝裙通过局部花型的缺失而形成
线条图形，这种图形与覆盖于裙身上的马具图形穿
插、错落，极富现代装饰感。

2. 体现好莱坞华丽风格的迪考风格设计 (图 3-2-24)

法国高级时装品牌 Christian Dior 2012 年春夏
成衣系列由前设计总监 John Galliano 的助手 Bill
Gaytten 和他的设计团队共同完成，这个系列延续
了品牌经典的女性风格，强调女性腰部线条，廓
型以 X 型为主，并以服装内外造型的配合体现出
一种传统的优雅，前额斜搭着的波浪状卷发、倾斜
着半遮住脸部的软沿帽使这场秀明显具有 20 世纪
三四十年代的风情，模特红唇欲滴，艳丽的妆容与
金色的颈饰、服装层叠的荷叶边、金银色系等元素
共同构成了好莱坞式的华丽风格，Bill Gaytten 在
薄纱长裙、透视衬衫的某些局部装饰以呈折线状对
称线条，与之呼应的还有大衣或是外套的黑白折线
状图形设计，排列规则的几何形亮片分布在下摆与
衣身等部位，完整地融合了迪考艺术的几何式图形
设计与好莱坞式的华丽外观。

3. 以裁片和色彩的图形形式为基础的迪考风格优雅设计 (图 3-2-25)

黎巴嫩籍礼服设计大师 Elie Saab 以优雅、高
贵的风格闻名，2013 年春夏，其成衣系列延续其
经典风格，而迪考艺术图形在该系列中的参与使秀
场上的模特看起来像是奔忙于工作中的贵族女性，
优美与硬朗并存。Elie Saab 这一季的设计亮点集
中于使用几何形裁片，沿着女性身体曲线分割开来
的几何形裁片以锐角三角形为主，被设计在胸部及
腰部，配合带状束腰可较好地突显女性的胸腰部位
曲线，肩部三角状的镂空设计则使图形的空间感更
为立体，细节感较为丰富。纯色蕾丝礼服裙也运用
了图形艺术，几何形蕾丝裁片沿着女性的身体曲线
而设计，蕾丝裁片之间的空白则在内空间同样形成
图形感。在色彩的设计上，Flie Saab 选择了迪考
艺术颇具代表性的黑色、白色及裸金色为主，与对
称的图形、线条配合使服装颇具现代装饰感。

4. 融入日本武士和黑暗哥特元素的迪考风格设计 (图 3-2-26)

英国"设计鬼才"Gareth Pugh 的设计一向具

图 3-2-24　Christian Dior2012 年春夏设计　图 3-2-25　Elie Saab2013 年春夏设计

图 3-2-26　Gareth Pugh2010 年秋冬设计

有哥特灵魂,其作品的设计理念前卫
大胆,往往以黑暗的色调为主,并结
合了现代装置艺术特征。在 2010 年
秋冬的系列发布中,Pugh 强调女性的
力量与空间感,主要采用黑色及深色
皮革、羊毛等硬挺的材质为主,采取
规则而对称的线条分割、拼接及编织
等手法对材料进行了处理。这款设计,
带有日本和服元素的黑色皮革茄克搭
配紧身长裤,皮革有大量装饰以迪考
艺术风格图形的装饰线,以缉线的线
迹形式出现,形状呈发散的人字形,
隆起的左右衣片呈反向结构,人字图
案异常醒目突出。Pugh 以坚硬的服装
廓型传达出了鲜明的日本武士风格,
塑造出都市战士形象。另外,配上有
着神秘感觉的面部妆容,整款设计透
露出其一向擅长的黑暗哥特风格。

**5. 铠甲主题和部落图案结合的迪
考风格设计 (图 3-2-27)**

2013 年春夏,美国设计师 Lubov
Azria 称其设计受到位于阿拉巴马州的
一个乡村部落传统拼布图形的启发,
在以性感的紧身裙装为特色的 Hervé
Léger By Max Azria 品牌当季系列设
计中,将其作为系列服装主要造型的
基础,通过迪考式的抽象手法图形处
理,以图案的形式运用于服装上,并
配合了品牌当季的另一代表性设计元
素——皮质铠甲与马具图形的紧身装
饰,而同样以材质的规则图形排列作
装饰点缀,使这一来源于传统部落的
图案在装饰效果上得到了提升。迪考
艺术的本质特征之一即在于对于异域
文化艺术的发掘与开发,但如何将传
统的艺术应用于设计,同时又具有现
代、抽象式的设计变化,从这一角度
来说这款设计无论是外在形式还是设
计理念堪称迪考艺术在服装设计中应
用的典范。

图 3-2-27　Hervé Léger By Max Azria2013 年春夏设计

第三节 20 年代风格时装

一、20 年代风格产生的相关背景

20 世纪 20 年代被形象地称之为"喧嚣的 20 年代"（Roaring Twenties）。在第一次世界大战之后，在现代科学技术革命的强大力量推动下，欧美的政治、经济和文化进入当时所谓的"现代"时期。同时人们的日常生活方式也呈现了现代意识，兴起了第二波的流行革命。欧洲与美国的人们觉得自己在曾经的战争岁月中失去了太多，应及时弥补这失去的快乐，及修复战争的创伤，欧洲的殖民地也为欧洲人带来更多的财富，及时行乐、快乐并颓废的生活方式成为大众普遍的潮流。年轻和新奇成为流行，大都市的人们纷纷穿上了昂贵的衣服，化着张扬的浓妆，疯狂享乐。人们比以往更喜爱闲暇时的户外生活和体育活动，到海滨胜地度假已经十分普遍。同时，20 年代女孩子对时尚变化越来越敏感，不仅仅是因为她们拥有了更多的时间，更因为日渐富裕的经济能力让她们成为了时尚产业的重要主顾。

现代时尚作为一种产业，在 20 年代真正成型，出现了一大批服饰设计师，他们以其卓越的设计左右着服饰变化的潮流和方向，Paul Poiret、Coco Chanel 是这一时期的代表人物。Paul Poiret 率先抛弃紧身胸衣，设计了现代胸衣和吊袜带，这对现代时装设计产生了革命性的巨大改变，同时抛弃了 S 型，改变成 H 型，使服装廓型由曲线形转为直线感；Chanel 改变了女性着装的观念，推出设计简洁、外形宽松、打扮时尚的新形象（图 3-1-1）。

1. 俄国芭蕾舞剧团的影响

1909 年 5 月，俄国芭蕾舞剧团首次到巴黎演出，舞蹈和服装给巴黎带来非同寻常的视觉冲击。舞蹈家展现了绚丽多姿的服饰，色彩对比强烈，加上金属片、金银线饰和奇异的刺绣点缀，更显得热烈而活泼。在造型上，自然流畅的线条，随时显示出活动着的人体的真实曲线之美。在面料上，轻薄透明的质料，勾勒出演员美丽的自然身躯，这一切构成了神奇迷人的东方魅力。这股绮丽的视觉旋风引发了设计师将视线转至世界各地，尤其是东方国家的服饰文化上，他们的作品吸取了中国、日本、印度和波斯等国的服饰特点，服装结构、造型和细节完全呈现出直线、装饰等特征，体现浓郁的异国

图 3-3-1 1924 年裙装

情调（图 3-3-2，图 3-3-3）。

2. 男孩风貌

由于战争的缘故，女性的地位发生了空前的变化，女性在政治、经济上的地位得到了提高，女权主义被提倡。女性开始否定自我特征并崇尚男性化的风气，不仅仅体现在时髦女孩的"女扮男装"上，还包括这个年代女孩的妆容、身材、意识形态等。

20 世纪 20 年代的理想形象是胸部扁平、皮包骨头的骨感女孩，这种时髦、消瘦的体型称为"flappers"。女孩子们都拼命的节食减肥和加上各式各样的体育运动，追求瘦骨嶙峋的美感。时装杂志上的设计效果图和时装画人物也越来越细长。20 年代的青年女性看起来像男孩，有灵气、爱调皮，在寻求乐趣和悸动的同时，经常不顾后果。

图 3-3-2 日本和服

图 3-3-3 Georges Barbier 1914 年带异国情调的晚装设计

图 3-3-4 Georges Barbier 1914 年带异国情调的晚装设计

好莱坞电影对男孩风貌的流行起着重要作用。Clara Bow（克莱拉·宝）在 1927 年的电影 *IT* 中塑造了当时流行的"女男孩"典型形象，短发红唇，风靡一时。此外身材纤细、留男孩式短发的 Chanel 已极具知名度，她喜欢宽松又舒适的穿着打扮，也成为当时女性竞相模仿的理想形象。

3. 爵士年代

疯狂享乐的态度使得具有即兴演奏风格的爵士乐快速蔓延开来，同为娱乐的电影业迅猛发展，20 年代是百老汇最忙碌的时期，平均每一季产出 50 部新剧，音乐、电影成为这一时期的兴奋剂。夸张的舞会装扮渐渐成为整个 20 年代的重要娱乐，电影、收音机和杂志则更多的与广告、化妆、时尚联系了起来。爵士风格弥漫在大街小巷，而爵士年代带来了女性精神和外表上真正的独立，她们变得敢于展示自己，敢于追求美丽。

二、20 年代女装风格时装设计解析

1. 风格 (图 3-3-4)

20 世纪 20 年代女装开始体现出现代服装的发展趋势，线条既简洁朴素又保留了一些古典的装饰，具有纤细、舒适、随意等特点，主要灵感来自战后流行的男孩风貌。20 年代风格的另一大特点是注重装饰效果，受到艺术装饰风格的影响，穿着者追求光彩夺目的感觉，渴望在社交场合中成为耀眼的明星，

闪光的珠片、几何图案、繁复的缀饰、打褶的工艺等都被大量运用到服装中，表现为浪漫、轻快，具有浓重的装饰感和异国情调。

2. 造型 (图 3-3-5)

20 年代女装由于废除了紧身胸衣，因此在造型上由极端的曲线表现转向直线形。20 年代中晚期女装表现尤其明显，外形呈板状，主要表现为宽松、类似罩衫或纸袋的 H 型，裙长到膝盖，没有腰线或者在臀部位置系带子。由于突出男孩装扮，削弱了女性

图 3-3-5 1924 年晚装设计

图 3-3-7　1920 年 Poriet 设计的晚装

图 3-3-6　1924 年晚装设计

图 3-3-8　20 年代日装（左），1998 年 Galliano 以 20 年代为灵感为 Dior 所做的设计（右）

化的特征,强调直线造型,不凸显丰满的胸部和臀部,许多女性穿紧身胸衣或用细带绑住胸部以便穿上这种造型的衣服,上衣直而长,衣身和裙子的分界线降低到臀围以下,整个外形呈现细长方形,外形很像未成年的少年体型。

3. 款式

20 年代苗条消瘦成为流行,消瘦的女孩子成为时尚的领头羊。女装设计注重直线感觉,多为无袖、直身、宽松,采用细长悬垂的剪裁（图 3-3-6）。设计重点由之前的强调女性性感的高腰移至裙装下摆和脚,因此腰线设置较低,裙身设计成层状结构,使视觉产生下沉感。无论是外套还是裙装主要在衣下摆、袖口、腰围线或裙下摆进行装饰,主要手法有加上大量的打褶、流苏、大尺寸的花朵边饰、用丝或天鹅绒制作的人造花、沉重的珠串

等,其中打褶的方向也呈上下直线,加上流苏、珠片的直线方向装饰,更加强调了服装的直线感（图3-3-8）。

裙装（图 3-3-9）

20 年代裙装较有特色,大胆裸露胸颈和玉臂,体现出女装的现代感。无袖款式特别流行,前后领口通常都开得很深,呈 U 型结构。由于腰部不收紧,这种不特别约束身体的设计为的是在舞动时隐约展现身体线条的性感美。裙长已提高到膝盖左右,开始露出腿部,裙的下摆往往加有各类装饰,体现女性魅力。

休闲运动装

20 年代人们热衷于户外休闲生活,享受着清新的空气,出现休闲运动服装,表现在日装设计简洁大方,舒适合体,短上衣、合体的衬衫、无腰或低腰的精致薄衫、自然造型的褶皱裙等是很常见的搭配单

品。一些男装的特点被用到女装设计中，有些女装甚至是男服的翻版，长裤开始成为女装的一部分。服装的运动感逐渐显现，柔软且能随体变化的套头毛线衣成为外穿的日常生活着装，宽松的、不束腰的针织衫上装与褶裥短裙的搭配，随意而舒适，使女性在大幅度的运动中不受服饰的妨碍。

装饰

20 年代女装尤其强调装饰，这也是 20 年代风格特征之一，珠片镶拼是主要装饰手法。一般裙装下摆部分是整款设计装饰的重点，多以精细的手工钉珠、亮片、繁复的绣花和镶饰毛皮来体现，在 Worth、Chanel、Paul Poiret 等所设计的鸡尾礼服中尤为明显。外套常以装饰性的钮扣作点缀，而裙装的腰间系结带异国情调的装饰性腰带（图 3-3-10）。

4. 色彩

受东方服饰文化的影响，色彩上占据主流的是纯度不高、柔和的青灰色系、棕色系、肉色系和蓝色系，主要用于日装上。而晚装的设计比日装隆重，色彩更为艳丽，如红色系、黄色系等。黑色晚装也是一大特色，尤其是 Coco Chanel 和 Edward Molyneux 的小黑裙设计。

5. 图案（图 3-3-11）

图案大量采用具有 Art Deco 风格的对称几何图案或对称花纹设计，主要以碎花为主，线条卷曲。混色的针织面料通常上面有一些小方格、装饰性的几何图案和花的纹样。

由于受中国、日本等东方文化的影响，在刺绣和印花的设计上，东方风格的元素得到了大量的应用，富有东方色彩的繁复刺绣和印花迎合装饰至上的时尚心理，使女性服饰格外地协调并富有古典美（图 3-3-11）。

6. 材质（图 3-3-12）

在材质上，大量不同种类的天然面料得到应用（亚麻、纯棉、羊毛和真丝），醋酯纤维和人造丝也得到了青睐。很多轻薄的日装是由丝绸、乔其纱、针织面料等衣料制成，晚装则是选用大量的丝绸、轻薄的雪纺、蕾丝、丝绒等面料。

由于针织服装的外衣化和 Chanel 设计的时尚针

图 3-3-9 Blumarine2005 年春夏 20 年代风格的裙装设计

图 3-3-10 Poriet 设计的带东方情调舞台服装

图 3-3-11 1925 年裙装图案

图 3-3-13 选用天然材质的 20 年代风格表现

图 3-3-12 1923 年 Poriet 设计的带日本风情外套

图 3-3-14 帽饰

图 3-3-15 头饰

织衫所产生的流行，针织面料变得较为普遍。而与此同时，人造面料、皮草也成为时尚，对于那些买不起貂皮和紫貂的人来说，麝鼠毛和兔毛成了很普遍的替代品。

7. 配饰 (图 3-3-13)

20 年代首饰已改变了作为保值品、贵重品的概念而用于打扮装饰，一些廉价的人造材料也做成项链、手链等与各种风格的服装搭配。这个时期流行珍珠项链，其穿戴的方式就是把项链在脖子上环绕好几圈。

帽子是 20 年代的重要配饰，为适应造型自然的服装，帽子造型变得相对简洁，紧包在头部。圆顶、窄边的钟形最流行，其他包括宽檐草编帽、钟形帽或用布包缠头发，时常会加上花朵装饰。帽子的材料用米色或黑色的毛毡制成，丝绸或毛毡制成的花朵做装饰（图 3-3-14、图 3-3-15）。

在 20 年代流行浅口无带圆头鞋，鞋跟短而粗。

鞋的后跟因为跳舞的流行，变得不高并微微弯曲。色彩丰富的缎面便鞋也是特色之一（图 3-3-16）。

因为小腿裸露出来，袜子也成为服装的一部分，受装饰艺术的影响，有图案的中袜是很时髦的配件，色彩柔和的由丝绸、仿真丝或者尼龙等面料制作的袜子都很流行，一般长到膝部，由亮色的松紧带装饰。

在包饰上，很多这个年代的人都把注意力集中到了手提包上。手提包越来越大，由于旅行成为风尚，化妆盒、香烟盒、烟嘴等物品的随身携带也增加了对手提包

图 3-3-16 鞋

容量的需求。

8．化妆和发式

妆容与发型上，20 年代美国生产的棒形口红就已经风靡了世界，采用这种棒状口红所画出来的"玫瑰花瓣小嘴"成为了当时的流行。在 20 年代初期（1920—1924 年），化妆的重点依然还是脸颊，但到了"爵士乐时代"（1925—1929 年），与服装相适应的浓妆艳抹成为重头戏，涂唇膏、抹胭脂、画黑色的眼圈、厚厚的粉底、拔光并重新画上的细眉毛成为每个"爵士舞女孩"的必备妆容。

20 年代时髦女孩的男孩式泡泡头短发成为主要样式，一头浓密卷曲短发，或者紧贴头部的直短发，或发梢精巧卷曲的短发都成为流行，经常还会用发油营造更加光亮的效果。

图 3-3-17　Ungaro2001 年秋冬高级女装中表现 20 年代风格的作品

三、20 年代风格时装流行演变

20 世纪 20 年代时尚以其独特魅力持续影响着时装界，原本装饰于礼服的亮片和镶拼手法在其后的女装设计中被广泛使用，在 60 年代和 70 年代，这种装饰手法在前卫文化的日常女装，甚至男装中得到大量运用，成为标志性的特征之一。Chanel 创造的小黑裙设计如今堪称经典。

20 年代风格真正成为流行主角是在 21 世纪。20 年代题材首先从影视界掀起，具有 20 年代风情的电影，如《巴黎烟云》《芝加哥》《大河恋》等相继推出，在大众中掀起一阵小规模的 20 年代风潮。同时时尚界的设计师们也加入到了这股流行中，具 20 年代风格设计不断涌现（图 3-3-17）。对于新时代的设计师来说，选择面料的范围要比 20 年代的设计师宽广多了，而且不同材质的面料搭配也成为流行的做法。2002 年春夏的 20 年代风格设计中加入了闪光缎和裘毛织物，2006 年春夏的 20 年代风格设计除了大量运用的亚麻、纯棉、羊毛和真丝等天然面料外，还运用了高科技面料。此外东方风格和装饰艺术风格的色彩搭配也大量出现在设计中，如装饰性的几何图案花纹、东方风格的刺绣。

图 3-3-18　Marc Jacobs2007 年春夏带 20 年代风格的作品

20 年代风格在 2007 年再度重现。美国 Burberry 的设计师 Christopher Bailey 在谈到春夏设计时，特别提到 20 世纪 20 年代摄影师 Cecil Beaton 作品给他带来的灵感，这位当时已达事业顶峰的摄影师在创作中大量采用金属、玻璃纸、羽毛等效果强烈的材质作装饰，这也是 20 年代的时装装饰风格。英国老牌设计师 Paul Smith 的针织衫，慵懒随意，松身舒适，充分演绎了 20 年代的风情。法国设计师 Sonia Rykiel 的低腰节连身裙，蓝紫色薄纱上缀满荷叶边，轻盈无比。英国设计师 Marc Jacobs 的作品中钟形帽、灯笼裤、系带结构比比皆是，设计师选用柔软又有光泽的面料，显出复古的优雅贵族气（图 3-3-18）。20 年代复古风一直延续至 2008 年。

伴随着迪考艺术风格的流行，与其同时代的 20 年代主题也进入了设计师的视野，2012 年春夏，Gucci 设计展示了 20 年代爵士元素与迪考艺术的结合（图 3-3-19）。

四、20 年代风格时装作品分析

1．现代版的《天方夜谭》情调设计（图 3-3-20）

2006 年法国 YSL 秋冬女装特别选在法国知名的蓬皮杜博物馆举行，在场景的设计上，特别注重细节的主设计师 Stefano Pilati 选择了一个高挑细长的

图 3-3-19　Gucci2012 年春夏作品

图 3-3-20　YSL2006 年秋冬设计　　图 3-3-21　Vivienne Tam 2007 年秋冬设计　　图 3-3-22　Anna Molinari 的 2002 年春夏设计　　图 3-3-23　Dior2009 年秋冬设计

粉红色空间，藉由淡雅的衬底色系突显主打的深色系服装。Stefano Pilati 用设计赋予黑色不同寻常的生命，展现黑色的诱惑，抽象画派的装饰图案从胸前延伸到立领，颇得 YSL 设计风格精髓——艺术化的高品位。这款深红色服装整体呈直线造型，上衣修长至大腿中部，腰间点缀着金色蝴蝶结，与袖肩、胸前、下摆的金色滚边和装饰构成复古情调。精美的下摆设计以刺绣秀出精致工艺，并以 20 世纪二三十年代走红的立体派艺术概念手法作点缀，绳带、珍珠、塔夫绸等多样材质的手工拼接烘托出层次感与高档品味，轻柔的深色丝缎与神秘华丽的黑金色系装饰组合，加上透明纱质灯笼裤演绎出现代版的《天方夜谭》，与 20 年代 Paul Poiret 的设计有异曲同工之妙。

2. 20 年代风格与中国元素融合的设计 (图 3-3-21)

美国华裔设计师 Vivienne Tam（谭燕玉）擅长运用中国元素进行构思设计，她的 2007 年秋冬设计灵感来自 Vivienne Tam 的设计偶像 20 世纪法国具传奇色彩设计师 Paul Poiret 后期的宽身低腰、印花、几何型的设计，硬中有软，虚中有实，正体现了 20 世纪 20 年代的中国式时尚审美。一个世纪后，Vivienne Tam 在多元文化的环境中，演绎出新的中国元素。松身的外套款式借鉴了东方的袍服结构，袖身同样宽松，传统的立领变宽和高。迷宫格图案也是西方文化的一种融入，设计师将下摆作为装饰重点，充满 20 年代情调。淡雅的米色是主色调，细致的剪裁散发出一种女性的温柔美，传统的发髻夸张地做在头顶上，一展中国式的东方情调。

3. 体现前卫效果的 20 年代风格设计 (图 3-3-22)

意大利设计师 Anna Molinari 的 2002 年春夏设计将哥特、20 年代风格重新演绎，塑造出具前卫意识的可爱型女孩形象。这款设计明显受 20 年代风格影响。H 字廓型与横向的结构结合呈现出重心偏下的效果，裙摆裘毛的运用加强了视觉的下沉感。20 年代流行的是灰色系，而 Anna Molinari 的设计加入一些明度和纯度均较高的色彩，尤其是闪亮的蓝和黄以及闪光的粉红，使设计平添了一份前卫感。

4. 现代版 20 年代异域风情设计 (图 3-3-23)

2009 年秋冬 Dior 品牌主设计师 John Galliano 将设计灵感聚焦于波斯细密画和富有东方风清的奢华风，以他擅长的混搭手法全新演绎了现代版的异域流行时尚，作品运用了双面羊绒、土耳其羊毛、俄罗斯羔羊皮和华丽织锦等高档面料，以及佩斯利雕绣和流苏腰带，配以东方式样剪裁，尽显别样的东方韵味。这款设计具有浓郁的中东阿拉伯服饰特征，紧身镶毛马甲搭配松身束口灯笼裤，配上 20 年代发式，顿显 20 年代时装教父 Paul Poiret 的设计遗韵。

第四章 20世纪30—50年代的时装风格

第一节 好莱坞风格时装

一、好莱坞风格产生的相关背景

电影的产生始自于无声电影，无声电影（或称"默片"）诞生于1860年左右，是指没有任何配音、配乐或与画面协调的声音的电影。1905年我国有了第一部无声电影。事实上，在1920年代末以前，大部份电影都是默片。20世纪30年代，随着电影影像与声音配合技术的发展和改进，有声电影逐渐登上银幕。

好莱坞原本是一小社区，1910年随着加州洛杉矶的崛起而广为人知。20世纪初，美国电影产业主要集中在东部，由于受电影专利限制，1912年主要电影公司陆续从新泽西搬离转而在洛杉矶设立生产部门。1922年，导演D. W. Griffith（大卫·格里菲斯）第一个在好莱坞设立了工作室拍摄电影。20年代，四大影业公司——派拉蒙、华纳兄弟、RKO和哥伦比亚已支撑好莱坞的半壁江山，同时也向世界各地输出大量影片。好莱坞其时已成为美国的第五大产业。

1. 电影与好莱坞影星服饰

20世纪30年代欧洲上空已笼罩着战争阴影，但人们谨慎地享受着这片刻的宁静，电影这一价格低廉、能使人暂时逃离现实的娱乐成为许多人的最爱，影星的装束被影迷们疯狂模仿，电影的影响力达到一个巅峰，是好莱坞的黄金时代（图4-1-1）。好莱坞影星无疑在这一时期占据重要地位（图4-1-2、图4-1-3）。早在20年代，许多影星就成为公众模仿对象，到了30年代，电影制片方开始起用专门的服装设计师，使影星的形象更加丰满有魅力，给人一种梦幻般的美感。Adrian（艾德里安）、（特拉维斯Travis）、Edith Head（伊迪丝·希德）都是当时著名的电影服装设计师，他们的设计与巴黎的设计作品相比，更注重银幕效果，复杂而精致，十分"炫耀"，这些有点脱离生活的装束正好满足了渴望时髦新潮的女性，影星成为时尚的领头人。Adrian曾说："我确切

图4-1-1　1936年好莱坞电影 Swing Time 剧照

图4-1-2　影星 Jean Harlow 在电影《八点晚宴》中的扮相

图4-1-3　另一好莱坞影星 Gilda Grey

图4-1-4　Joan Crawford 身着由 Adrian 设计的巨型荷叶边袖裙装

感到电影将成为美国的巴黎，所以当女人们走进电影院，她们更专注于女主角的着装，而这些影星正是时装潮流偶像。"

影星们的银幕形象开始向生活蔓延：Greta Garbo（葛丽泰·嘉宝）、Elizabeth Taylor（伊丽莎白·泰勒）……这些公共的"玫瑰"与时装相互簇拥着，创造出服装史上一个又一个商业神话。1933年，26岁的 Joan Crawford（琼·克劳馥）在其主演的电影 Letty Lynton 中身着由 Adrian 设计的巨型荷叶边袖裙装，别致的款式非常引人瞩目，在社会上掀起了一阵流行浪潮，纽约著名的玛莎百货店在短短几天以每件20美元销售了50万件此类款式服装（图4-1-4）。许多店家

图 4-1-5　苗条造型是好莱坞风格体现，图为 1939 年由 Edward Molyneux 设计的晚装

图 4-1-6　带装饰的腰部设计

图 4-1-7　背部裸露是好莱坞风格女装特征之一

图 4-1-8　加入大蝴蝶结的女装

专门设有电影服装仿制柜台。好莱坞成为时尚制造机，50 年代的 Marilyn Monroe（玛丽莲·梦露）、Audrey Hepburn（奥黛丽·赫本）都曾引领时尚风潮。

2．斜裁大师维奥尼与好莱坞礼服

马德琳·维奥尼是叱咤于 20 世纪 30 年代的风云人物，1920 年，她以斜裁法设计的服装问世，在 30 年代达到顶峰，世界服装史自此翻开新的一页。她创造的斜裁法巧妙地运用面料斜纹中的弹拉力，进行斜向的交叉裁剪。也有人称斜裁服装为"手帕服装"，她运用菱形式三角形的接合处理裙子的下摆。她的斜裁工夫出神入化，有些衣裙甚至不用在侧边或后背开门，仅仅运用斜纹本身的张力，就能轻易地穿上脱下。斜裁手法使服装更加自然生动，贴合人体，她用斜裁法设计的露背式晚装，不仅是西方礼服史上的一大创举，更使好莱坞女星珍·哈露成为当时最性感的明星。她曾运用中国广东的绉纱面料，以抽纱的手法制成在当时极受欢迎的低领套头衫，独特的裁剪使这款服装被称为"维奥尼上衣"。

二、好莱坞风格女装设计解析

1．风格

好莱坞风格主要指流行于 20 世纪 30 年代到 40 年代初的女装风格，因为受到好莱坞电影服饰的影响较大，又称为"好莱坞风格"。这一时期风格已不同于 20 年代男孩风貌和装饰感，充满着好莱坞"梦工厂"式的华丽效果。好来坞风格女装简洁中透出高贵，成熟中带点冷艳，线条流畅，造型洗练，突出强调女性的妩媚、娇嫩和雅致，表现为冶艳、奢华、高贵，是经典的女性化风格。

2．造型（图 4-1-5）

好莱坞风格女装宽肩、细腰，裙摆紧窄贴体，充分展现女性的曲线身材。很有悬垂感的面料和制作方法突出表现胸部、腰部和臀部，但不张扬。裙子后片一般比前片长，肩部稍宽，整体呈优美 A 型、X 型。

3．款式

裙装是好莱坞风格中最具表现力的款式，无论日装还是晚装都是妖饶多姿。日装裙摆至小腿中部，设计有活褶，方便活动。曾在 20 年代流行的短裙被加上缎带、镶嵌珠片或毛皮饰边，拉长到流行的长度。一般领口开得很低，腰臀部贴体，然后蓬松展开，省道由细褶所代替，凸显丰富、考究（图 4-1-6）。裙长至脚踝，带有裙裾。背部是好莱坞风格女装设计重点，大部分面积裸露，设计师运用斜裁手法将面料通过交叉、悬垂、折叠等手法，使背部呈现不同效果。有很多三角形的结构，通常背部的深 V 形袒露出大三角形，稍宽的肩部与窄腰配合形成一个倒三角形（图 4-1-7）。晚装多采用帝政线分割设计，胸线以下贴体，采用斜裁工艺使面料富有弹性，更突出女性线条，呈现出独有优雅感觉。有许多设计简洁的晚装成为跨世纪的经典款，如 Adrian 为 Joan Crawford 设计的一款吊脖深 V 领及踝晚装。后期设计师选用不同的面料重新演绎，在每个时代都有不同的表现。

外套一般长及腰线，所配裙子为中长裙，长度在

图 4-1-9　好莱坞电影剧照，巨型荷叶袖带动当时流行浪潮

图 4-1-10　1935 年的日装

图 4-1-11　Valentino2007 年秋冬融入 40 年代风情的好莱坞风格女装设计

图 4-1-12　以玻璃珠装饰点缀的晚装

图 4-1-13　好莱坞风格色彩表现，Z Spoke By Zac Posen2013 年春夏作品

小腿肚附近。套装以男式的裤套装居多，通过加入卷发、红唇、人造睫毛和浓妆，着意表现女性的另类性感。

领部

领线开得很低，设计大的翻领，有时会加上大大的蝴蝶结或松松地系上围巾，强调上部的丰满感，与细腰形成对比（图 4-1-8）。

肩部

肩部成为设计师关注重点，通过加垫肩形成方肩造型。在袖肩上，圆型的荷叶边、层叠的薄纱、皱折处理的连肩袖、布制的花朵装饰，或是披一件开口的女式短上衣，都使这一部位成为焦点。此外也以毛皮装饰于肩部，极尽奢华感。

袖子

好莱坞服饰突出袖子款式，裙装的袖山设计成造型各异、波状起伏的多层荷叶边，与紧身合体的裙装形成强烈的对比效果（图 4-1-9）。

腰线

套装、外衣都紧凑合身，腰线回到正常的位置，公主线分割服装，没有腰线分割，通常加上腰带强调腰部，使其保持自然线条，带方型扣环的腰带在日装中很流行（图 4-1-10）。

紧身胸衣

造型呈 V 型的紧身胸衣，通过加鱼骨起到紧身的作用，塑造出收腰的新造型。

细节（图 4-1-11）

蝴蝶结装饰是好莱坞女装常用手法，抽褶工艺则

普遍用于紧身胸衣和裙子上，素色羊毛外套以闪亮纽扣作点缀。亮片装饰本是好莱坞电影服装常见的设计手法，许多电影服饰设计师都曾设计珠片装饰的长裙礼服。现代好莱坞风格女装中，不仅珠片，许多新材料如塑料亮片、玻璃珠、金属丝等也都运用于晚装上，更显奢华效果（图 4-1-12）。

4. 色彩

好莱坞女装色彩主要体现出沉闷状态，如纯度适中的棕色、瓶底绿、深绿、沙拉色、灰色和黑色，带好莱坞情调的金色、银色等亮色系也是表现重点（图 4-1-13）。

5. 图案（图 4-1-14）

柔软的绉纱、人造丝、闪光缎子是裙装类主要面料，经斜裁成合体的长裙显得尤其飘逸，其悬垂性打造出完

图 4-1-14　好莱坞图案带有迪考艺术风格痕迹

图 4-1-15　身着银色闪光缎子礼服的无声片影星 Clara Bow

图 4-1-16 好莱坞风格配件

图 4-1-17 典型的好莱坞风格呈波浪状的发式

图 4-1-18 图为 Victor & Rolf2013 年春夏好莱坞风格设计

图 4-1-19 1995 年 Dior 品牌以 40 和 50 年代好莱坞影星形象为灵感的设计

图 4-1-20 Joan Crawford 2003 年秋冬设计

图 4-1-21 Iceberg2007 年春夏好莱坞风格设计

美的女性风格，最具好莱坞风格特点（图 4-1-15）。

7．配饰（图 4-1-16）

包和手套是好莱坞影星必不可少的饰品，信封包、小钱包、款型规整的背包都有精致的装饰，如在信封包上镶嵌手表、小钱包用银色钩扣、羽毛做装饰等。手套有长及肘部的晚装手套，也有中长的日装手套。

在晚装中，女性会配戴各种人造钻石项链，手链也成为新的亮点，显得熠熠生辉，与剪裁考究、端庄、简洁的日装形成对比。

8．化妆和发式（图 4-1-17）

好莱坞影星发型偏向柔和的女性化风格，浪漫的长波浪、卷曲的刘海、精致的小卷发、有些零乱感的厚卷发都很流行。好莱坞著名的遮面女郎 Veronica Lake 一头半遮脸的亮丽金发也是当时很流行的发型，后来成为风靡一时的"躲猫猫"（Peekaboo）发型。

三、好莱坞风格女装流行演变（图 4-1-18）

1995 年春夏 T 台上，好莱坞风格曾在欧美短暂流行，JP Gaultier、DV Noten 都推出了带好莱坞风格的时装，长度在膝盖的裙装和拖地的晚装优雅迷人，带有好莱坞年代的怀旧色彩；Dior 品牌则以 40 年代和 50 年代好莱坞影星形象为灵感，作品造形优美，充满令人惊艳的复古元素（图 4-1-19）。

21 世纪的时装舞台不乏好莱坞风格表现。Dior 设计总监 John Galliano 在他 2003 年秋冬设计中以 Joan Crawford 为灵感，经其夸张前卫的理念设计，性感、高贵的现代版 Joan Crawford 呼之欲出（图 4-1-20）。2007 年春夏和秋冬，T 台又重现了 40 年代好莱坞的绝代风华，这些梳着侧分或中分的精致大波浪卷发、描画着冷艳的红唇、中性帅气却又不失性感的女伶展现出低调的新女性形象（图 4-1-21）。米兰设计师 Roberto Cavalli 的 T 台布置得像华丽复古的旧日好莱坞，模特们身上的服装，闪烁着好莱坞年代风情，成熟而富有吸引力（图4-1-22）。Gucci 女装整体呈现出复古的 40 年代的氛围，打造出雍容华贵的优雅淑女风范（图 4-1-23）。Dior 的2007 年秋冬设计将视线拉回到了 40 年代的美国好莱坞，当年的冷艳美女影星 Joan Crawford 成为 John Galliano 的灵感缪斯，在他的设计作品中重现 Joan Crawford 的经典名作 *The Women*，收腰廓型、鲜亮色彩和繁复缀饰，使由高档材质制成的裙装充满了奢华和优雅，再现了早期好莱坞明星傲气自信的迷人风采。

图 4-1-22 Roberto Cavalli 设计　　图 4-1-23 Gucci 作品

四、好莱坞风格时装作品分析

1. 优雅浪漫气息与三四十年代好莱坞电影的怀旧感觉融合（图 4-1-24）

法国品牌 Guy Laroche2007 年秋冬设计结合了流行的各种元素，从面料到造型，都给人眼前一亮的惊艳感。设计师以修身剪裁、弹性衣料、波纹皱折凸显女性的自然线条美，运用独特皱褶剪裁将巴黎的优雅浪漫气息与 30、40 年代好莱坞电影的怀旧感觉融合，同时在服装中又注入了独立不羁的时尚元素，幻化出展示高雅脱俗的慑人气质，演绎出现代女性温柔与硬朗并重的独特个性的盛品，是瑰丽浪漫与完美体态的艺术结晶。这款枣红色的晚礼服拥有漂亮而美丽的皱褶，细致贴身的剪裁加上精细褶皱线条的重复，完美地塑造出冷艳高贵的女性形象。

图 4-1-24 Guy Laroche 2007 年秋冬设计　　图 4-1-25 Valentino 2007 年秋冬设计

2. 精致的好莱坞风格（图 4-1-25）

2007 年秋冬的时装秀上，在众多设计师追溯着好莱坞40 年代风华的季节里，始终坚守传统与经典的 Valentino Garavani 无可置疑地引领着这股风潮，Valentino 式的半遮面卷曲秀发和无懈可击的完美妆容成为新的天使妆容。整款裙装透过华美的黑、深邃的灰和纯净的白，在怀旧中尽显出新意。不同材质的黑色面料组合在一起，光滑的绢绸裙、毛绒的皮草、高弹力的长手套，闪着不同的光泽。在款式设计上，V 型大开领结构、合体裁剪勾勒出近乎完美的曲线。面料呈现出浮雕般的奢华立体感，展现Valentino 一贯的精致设计风格。

3. 哥特式好莱坞风格表现（图 4-1-26）

以黑暗的哥特风著称的比利时设计品牌 Ann Demeulemeester，其 2014 年春夏设计在原有硬朗战士形象里掺入了优雅的好莱坞元素，使人联想起电影《落日大道》。这款设计款型属典型的 Ann Deme Ulemeester 特点：不同质地的黑色材质、修长洗练线条、堆砌的结构与规整线条相结合，而华丽、飘逸、透视的植绒丝绸的加入显现出晚装特点。非常规的礼服廓型，外加长款西装，呈现出别致的好莱坞与哥特结合的风格形象。

图 4-1-26 Ann Demeulemeester2014 年春夏设计

第二节 超现实主义风格时装

一、超现实主义风格产生的相关背景

第一次世界大战后，在法国兴起了在文艺及其他文化领域里对资本主义传统文化思想的反叛运动，其影响波及整个欧美地区，它的内容不仅限于文学，也涉及绘画、音乐等艺术领域。受此影响各种思想流派纷纷涌现，超现实主义就是其中的一种，这一运动以其充满幻想色彩和异国情调的奇特风格，对 20 世纪美学产生了重要影响，改变了传统上对艺术的看法，对视觉艺术的影响力深远。

1. 超现实主义

超现实主义发源于 20 世纪初期，由达达主义衍生而出，主要思想依据为弗洛伊德的潜意识学说，其宗旨是离开现实，返回原始，否认理性的作用，强调人们的下意识或无意识活动。反对既定的艺术观念，主张放弃以逻辑、有序的经验记忆为基础的现实形象，而致力表现人的深层心理中的形象世界，尝试将现实观念与本能、潜意识与梦的经验相融合。也常被称为超现实主义运动，或简称为超现实。

超现实主义的精神与思想领袖 Andre Breton（布列顿 1896–1966 年）有过学医的经历，他在读了弗洛伊德的著作后，立即将精神分析与达达派的无意识表白关联起来。精神分析注重对梦境、幻想和幻觉的分析，并把白日梦作为一种可能的艺术创作方法加以诱导。这种对下意识的梦幻世界的研究，与自然主义相对立，不受理性的支配，完全凭本能与想象描绘超现实的题材，表现比现实世界更真实的，比现实世界的再现更具重大意义的，想象领域中的梦幻世界。

在理论上，超现实主义艺术运动的发起者是理论家布列顿，他于 1924 年在巴黎发表了第一篇"超现实主义宣言"，给超现实主义下了定义："超现实主义，名词。纯粹的精神的自动主义，企图运用这种自动主义，以口语、文字或其他任何方式去表达真正的思想过程。它是思想的笔录，不受理性的任何控制，不依赖于任何美学或道德的偏见"。

2. 超现实主义艺术家（图 4-2-1）

达达派之后，法国产生了一个近代艺术史上影响力最大的画派超现实派，此派的画家们有 Arp（阿尔普）、Joan Miro（米罗）、Max Ernst（艾伦斯特）、Salvador Dali（达利）、Andre Masson（马松）、Etienne Cournault（克尔诺）、Yues Tanguy（坦基）、

图 4-2-1 达利（左）和他的绘画（右）

Rene Magritte（马格里特）、Marc Chagall（夏加尔）等。他们任意表现梦与想象，很多奇异的变形与线条令人无法了解，他们的创作活动自由自在地安排在一种时空交错的世界中，毫不受空间与时间的束缚。

超现实主义的绘画创作在当时分为两种风格，一种是以达利、马格利特为代表的风格，这种风格以精细的细部描绘为特征，通过可以识别的经过变形的形象和场面，来营造一种幻觉的和梦境的画面。它的来源是卢梭、夏加尔、基里柯及 19 世纪的浪漫主义艺术。它企图运用弗洛伊德所下的定义，创造一种不受意识和理性控制的形象。但是其作画的过程实际上是与写实画法没什么区别的理性过程，因此这种风格又被称为自然主义的超现实主义和古典的超现实主义。另一支是以米罗、马松等人为代表，他们追求作画过程的无意识性，以致在画面上出现纯粹受心理作用支配的意象，最终结果总是充满幻觉的和具有生命形态的抽象画面。因此，它又被称为有机的超现实主义或绝对的超现实主义，这一倾向与达达主义者和某些未来主义者所从事的偶然机遇和无意识行为的试验有关联。

超现实主义 20 世纪 30 年代在欧洲风行一时，二战前很多此派画家从巴黎到美国，超现实派绘画从欧洲影响到新大陆。此外，其影响力扩及戏剧、舞台装饰、摄影、电影、建筑、雕刻等艺术领域。

3. 超现实主义风格时装设计师 Elsa Schiaparelli（艾尔萨·西雅帕列利）（图 4-2-2）

Elsa Schiaparelli 是服装超现实主义风格的创始人，她创造了一个服装设计的全新领域，为后来的设计师提供了经典的范本。出生于意大利贵族家庭

图 4-2-2　Elsa Schiaparelli1939 年作品　　图 4-2-3　1938 年 Elsa Schiaparelli 设计的披肩，上绣驾着天国战车的古希腊阿波罗神　　图 4-2-4　以头部造型作为领形设计别具一格　　图 4-2-5　利用视错原理设计的服装

的 Schiaparelli 从小就对艺术有浓厚兴趣，战争年代又使她经历了丰富的离经叛道的精神追求。她在美国生活时，结交了众多当时有名的艺术家，回到欧洲生活后，又和她艺术家朋友们时常泡在沙龙里谈论音乐、绘画、诗歌，她的朋友名单中就包括超现实主义大师 Salvador Dali(萨尔瓦多·达利)，超现实主义先驱 Jean Cocteau (让·科克托)，后现代艺术之父 Marcel Duchamp(马歇尔·杜尚) 等。这些经历对她设计服装有很大的影响，Elsa Schiaparelli 的设计打破了传统的认知模式，也打破了艺术与时装的隔墙，她的设计之路也向整个时尚界证明了设计师和艺术家之间的距离其实并不遥远。

　　Elsa Schiaparelli 标榜的是一种艺术化的时装设计理念，她以一位艺术家敏锐的眼光和独到的商业构想，以身体为基型，服装为媒介，跨越了艺术的高雅与通俗，抹杀了服装原有的规范，改变了身体的廓型与象征意义。Elsa Schiaparelli 在设计中融入了许多生活中的经历和艺术家们带来的灵感，如年轻时看到的罗马的牧师和修女穿的戏剧化外套，还有父亲工作的图书馆中华丽的中世纪手稿以及古希腊神话，这些都被合理而奢侈地激发出来，成为丰富而奇幻的珠饰以及绣花。她用一种游戏哲学演绎着自己超现实主义梦想，她从超现实主义大师达利那里借鉴了不少东西，在她的设计中可以找到野兽派的色彩、立体派的结构、表现派的风格和超现实主义装饰。她为科克托设计的茄克上衣，有一双刺绣的手抱住了穿着者的身体；给达利设计的，则是

一大堆夸张的帽子——那只倒扣在头上的高跟鞋。Elsa Schiaparelli 喜欢用繁复的手工刺绣进行装饰，一件粉红色丝织外套上铺满了华丽的图案，还点缀着如艺术品般精致的钮扣 (图 4-2-3)。融合西班牙风格的外套给黑白的 30 年代带来强烈的视觉震撼。她的作品常被当时的评论冠以"震惊""惊奇"的字眼。她把时装当作画布，肆意挥洒她的想象，一件灰色西装式外套上绣着一张女人的脸，长长金发顺着袖子流泻下来，如随笔画作一样自然。任何奇思妙想都能在她的作品中得到呈现，一双带指甲的丝绒手套；一条用昆虫做的项链；香水瓶身被做成女人身体的摸样；装有办公桌抽屉式口袋的外套……

二、超现实主义风格时装设计解析

1．风格（图 4-2-4）

　　超现实主义风格特点是俏皮甚至怪诞，富有强烈的游戏元素，设计不按常理出牌，色彩丰富，有梦幻的、童真的感觉。穿上后具有夸张的视觉效果，在图形的运用上体现出艺术感，服装不仅仅是一个穿着物，更是一个艺术的载体。

2．造型

　　超现实主义风格努力追求无意识的结构，摆脱理性束缚，因此服装呈现出丰富的结构和廓型，大多廓型简单，根据设计师的总体构想强调不同的部位，有张扬的宽肩造型，也有简洁的直身造型。

3．款式（图 4-2-5）

　　超现实主义风格女装款式设计简洁，注重装饰，

图 4-2-6 以城市景观建筑作为款式设计的一部分

图 4-2-7 带超现实意念的设计

图 4-2-8 Elsa Schiaparelli1947 年作品，红色是她喜爱用的色彩

图 4-2-10 Gaultier 的 2006 年秋冬高级女装设计中以非常规材质设计的帽子

图 4-2-9 Schiaparelli 马戏团系列设计之一

图 4-2-11 作为款式的一部分，小提琴以非服用材质制成

图 4-2-12 以镜框作为配饰

强调细节，设计师经常在一些装饰细节上体现超现实主义理念情节,领部、袖子或口袋都会成为设计的重点。

在具体款式设计中，超现实主义风格表现为以下几种手法：①改变物体原有的功能和形式，以逆向思维创造新的形态，如蛋糕形的帽子、女性红唇造型的口袋、茶匙形、鸡心形、三角形的西服翻领等（图 4-2-6）；②将艺术绘画的作品或色彩感移用到服装设计中，利用图画特殊的视觉效果给人一种视觉美感和体验，如 Elsa Schiaparelli 曾把超现实主义画家达利著名的"泪滴"图案用在她设计的裙装上。③利用视错觉原理，在具体细节上表现形态差异，如将棉质衬衫与薄料上衣连在一起的设计（图 4-2-7）。

4. 色彩

超现实主义风格强调视觉的冲击，从绘画中借鉴了许多灵感，时装用色强烈，装饰新奇，高纯度的色彩运用较多，如罂粟红、粉红、紫罗兰、宝蓝、猩红、明黄等，视觉效果明亮、活泼（图 4-2-8）。

5. 图案（图 4-2-9）

图案在超现实主义风格中也有许多特色，图案主要来自艺术大师作品，如达利和毕加索，表现惊世骇俗的效果。设计师趋向于幻想主义，试图通过对眼睛的巧妙蒙骗寻求奇迹和梦境，将体现视幻技巧并且带有喻示性和幻觉色彩的图案贯穿到设计中。还有几何图形也在 Elsa Schiaparelli 作品中经常出现。

6. 材质（图 4-2-10）

与超现实主义绘画理论相同，超现实主义时装设计师也将日常司空见惯的材质提升为时装设计范畴，广泛运用于各类款式中，如 Schiaparelli 曾将玻璃纸用于装饰。这种手法成为超现实主义设计的标志之一，并且对日后时装设计产生重大影响（图 4-2-11）。

7. 配饰

超现实主义风格配件造型夸张可爱，如电话形状的手提袋、阿司匹林药丸做成的项链、蜻蜓形的围巾、动物形钮扣等。Schiaparelli 视钮扣为装饰的一部分，设计成昆虫、花、嘴唇和其他受达利影响的古怪造型（图 4-2-12）。

三、超现实主义风格时装流行演变

作为一种独特的设计手法，超现实主义风格在 20 世纪 80 年代影响了许多设计师的创作，成为服装设计的潮流，YSL、Karl Lagerfeld、Issey Miyake(三宅一生) 等都有精彩设计。YSL 在服装中将两只和平鸽以立体的方式装饰在领部和腰部，动感十足；被公认为"最具艺术家特质"的三宅一生则娴熟地运用"超现实主义"手法，创立了一种融日本文化和西方现代精神于一体的设计风格。他 1982 年发布的一套"先锋派"作品，整体都用密密细裥的黑漆布做成，护胸甲则以细竹编成，涂以黑漆，夸张的大斗笠帽和折扇，均完美无憾地表现了日本新女性形象。

90 年代，John Galliano 也运用超现实主义设计手法，如 1999 年，他在 Dior 春夏高级女装发布会上，以达利的超现实主义视线演绎了一系列的超现实设计，包括正反面颠倒的外套（图 4-2-13），眼睛造型别针、故意混淆于服装上的手形图案、模特的手与帽子上的手以及类似达利式的妆容，奇思妙想令人叫绝（图 4-2-14）。

21 世纪开始，超现实主义风格继续受宠，McQueen、Victor & Rolf、Jean Paul Gaultier 都是其中的代表。McQueen2005 年春夏

图 4-2-13　1999 年 Dior 春夏高级女装中具超现实主义概念的外套设计

图 4-2-14　达利式妆容

图 4-2-15　McQueen2005 年春夏作品设计

图 4-2-16　Gaultier 的 2006 年秋冬高级定制作品的背部设计

图 4-2-17　Basso&Brooke2008 年春夏作品运用了超现实主义手法

季夸张的中国山水木质雕刻头饰展现出极度震撼的戏剧张力（图 4-2-15）；Victor & Rolf 2005 秋冬时装发布会上的"枕头"秀完全就是一幅幅超现实的绘画；Gaultier 在他的 2006 年秋冬高级定制上展示了一条惊世骇俗的骨架裙（Skeleton Dress），背部的设计以人的脊椎骨架作为亮点（图 4-3-16）。

由超现实主义引伸至现代绘画而产生的新一轮时尚浪潮在 2008 年春夏舞台上展现，受到美国最有影响力的艺术家 Jackson Pollock 的影响，以"泼溅"颜料作画方式染成的面料在诸多设计师的作品中出现。Marc Jacobs 等纷纷借助起艺术家们的笔，以面料当画布，以"泼溅"手法创造了一系列原始自然、生机勃勃的超现实主义服装单品。英国设计师 Basso&Brooke 则以俄国抽象主义绘画大师康定斯基的作品为灵感来源，在粗糙斜纹布上将色彩斑斓的黄色、蓝色、红色任意泼洒穿插在衣褶间，帽子设计成调色板。同时设计师也将色彩的成像原理以马赛克的形式表现，令人耳目一新（图 4-3-17）。Prada 将歪歪扭扭的条纹和格子用在裤子上，令人眼晕，这些图案仿佛受过"波纹滤镜"处理，呈现曲折的效果。

伴随着设计师对绘画等艺术形式的关注，超现实主义风格在 2014 年秋冬再度兴起，如伦敦设计师 Osman 受 20 世纪 60 年代电影海报的启发所做的提着小包手臂图案（图 4-2-18），荷兰设计师组合 Viktor & Rolf 设计了虚拟的胸衣和服装结构，这些设计既有趣又不乏对视觉的玩耍（图 3-3-19）。

四、超现实主义风格时装作品分析

1. 童话境界的服饰表现（图 4-2-20）

法国设计师 Jean-Charles de Castelbajac 是一位怀有童真心境的法国设计师，他的设计风格大胆、创意无限。具超现实的色彩观（常使用原色）、有激情的印花图案（包括现代绘画艺术）、富有童趣和幽默感的细节表现，都是他的设计标志。图 4-2-20 中这款 2007 年春夏设计酷似儿童绘画，设计师将蓝天、白云、小鸟组成了一幅理想的画面，以服装的形式表现，构想独特，体现出设计师超乎现实的心境。

2. 具实验性的表演与服装结合（图 4-2-21）

号称时装实验大师的荷兰设计组合 Victor & Rolf 的服装诡异，甚至充满超现实色彩。在 2007 年秋冬设计上，Victor & Rolf 让每个模特身上都扛着带有灯泡的金属架，带来一种打破重力的悬吊视觉效果，灯光与服装浑然一体，仿似来自外太空的天外来客。与大张旗鼓的表现形式相比，服装本身的设计则显得平和、安静。取材于荷兰民间的花图案清新悦目，简单的收腰短茄克和印花短裙搭配，让人恍然一切都是现实。Victor & Rolf 超乎寻常的搞怪手法，令所有看过的人难以忘怀。

3. 虚幻与现实的结合（图 4-2-22）

英国年轻设计师 Giles Deacon 2008 年春夏时装作品，延续其一贯的古怪创意搭配英伦淑女风格，让观者随着其虚无缥缈的理念魂游太空。你没办法为 Giles Deacon 的设计找到一个吻合的形容词，但是你却不得不时时回味，就像你经常在梦中回忆起童年时的奇思异想一般。在秀场的布置上，Giles Deacon 营造出一种森林般的色彩。豪猪的刺、树叶、独特的部落印花、中国雉鸡的羽毛等，整场秀仿佛就是个美丽的装饰，而且让人有旧曲新唱感

图 4-2-18　具超现实灵感的图案，Osman2014年春夏设计

图 4-2-19　似是而非的图案和结构，Viktor & Rolf2014 年春夏设计

图 4-2-20　Jean-Charles de Castelbajac2007年春夏设计

图 4-2-21　Victor & Rolf2007 年秋冬设计

图 4-2-22　Giles Deacon2008 年春夏设计

图 4-2-23　Moschino2006 年春夏设计

觉的当然是 Giles Deacon 2007 年曾经出现的落叶元素。这款设计集实用和夸张于一体的作品，露肩小洋装以大小不一的白色、粉红色、大红色树叶，自胸至下摆呈斜向密集的堆砌，给人以虚幻的色彩世界。

4. 运用视错手法的超现实主义时装设计 (图 4—2—23)

已故意大利怪才 Moschino 是一个异想天开的另类设计师，他常常把一些搞笑的词、句、图案醒目地装饰在服装上，也会把他对世界和平的渴望与对生命的热爱，放在他的服装设计中。Moschino 的设计讲求丰富的色彩，玩笑般的性感，他用最基本的设计和结构元素，创造出令人愉悦的服装，为时装界带来新意。图 4-2-23 中这款 Moschino 品牌 2006 年春夏设计秉承其一贯的风格，以视错手法将服装的结构、领形、腰带置于图形中，营造出似是而非的外观效果。这种视错效果与当年 Elsa Schiaparelli 倒置的高跟鞋帽子有异曲同工之妙。

第三节　40 年代风格时装

一、40 年代风格产生的相关背景

第一次世界大战后，欧洲经历了短暂的经济复苏，随后，社会各界矛盾和冲突再次酝酿，终于在 20 世纪 30 年代爆发。30 年代初，随着华尔街股票市场的崩溃，世界经济陷入了大规模的萧条，西方各国出现了广泛的失业，对再次发生世界大战的恐惧感笼罩着欧洲大陆。至40 年代风云突变，二次世界大战给整个时尚界以毁灭性的打击，虽然人们的心灵备受折磨，但人们追求美的愿望犹存,这也成就了 1947 年 Dior 优雅、性感时尚的出现。

1. 战争阴影下的服装

第二次世界大战期间物资短缺直接影响着服装业。许多国家在与其他很多日用品一样，服装也是限量供应。1941 年起，英国不仅规定每件衣服的布料用量、裙子长度和宽度的最大值，而且钮扣、布料和装饰数量等都有明确限制。女装裙子的褶裥数量受到限制，袖子、领子和腰带的宽度也有相应的规定。刺绣、毛皮和皮革的装饰都受到禁止。裙长及膝而且裁剪得很窄。这样，服装的款式都变得又短又小，紧身合体的服装变得时髦。套装的设计注重功能性，并且适合各种场合穿着。其款式常常与军服相似，给人留下印象最深的是宽宽的垫肩和系得紧紧的腰带。

1940 年代的前期和中期，女人们包裹在严谨修身的茄克和短裙、长裤中，在战火硝烟中与男人们并肩作战，具有别样的美感（图 4-3-1）。

2. 新材料、新工艺的研制与开发

在 20 世纪 30 年代至 40 年代，服装界对新材料、新工艺的研究和创造一直没停止。1935 年杜邦公司成功开发出尼龙纤维，并推出了容易清洗保养且美观时尚的长统袜。具有开启功能的拉链首创于 1893 年，当时只限于鞋类使用，然而在 30 年代设计师将拉链运用于时装设计中，尤其是儿童服装，使其方便脱卸。1937 年拉链更替代钮扣，运用于男裤中。

随着新材料、新工艺逐渐运用于服装界，加之二战期间对日常服装的需求，加速了这一产业的成衣化、批量化，女装设计由此趋于功能性、实用性，更加强调整体和简洁。

二、40 年代风格女装设计解析

1. 风格（图 4-3-2）

尽管受环境的限制，无法随心所欲，但爱打扮的女人还是找到办法，虽然去掉了过度的奢华趣味，强调功能性，并融入了男装成分，但还是保留了合体的腰线，一种独具魅力含中性感觉 40 年代风格产生了。因此 40 年代风格整体呈现低调、内敛、简约特质。

40 年代服装开启了与男装融合的先河，影响深远，70 年代服装无论是总体风格，还是具体款式、造型、图案等均与 40 年代的服装有着千丝万缕的联系。虽然 Dior1947 年发布了 New Look，但这类服装并不代表 40 年代，而是 50 年代优雅风格的表现。

2. 造型（图 4-3-3）

40 年代风格女装强调宽肩、收腰，裙摆紧窄贴体，外套大衣精致合身，基本轮廓呈铅笔型的细长造型，既有女性的柔美和端庄，又不乏男性的干练和沉着。整体呈优美 H 型、V 型。

3. 款式（图 4-3-4）

裙套装是 40 年代风格中最具代表性的款式，受战争影响，款式趋于简洁实用，同时也融入了军装的元素。由于考虑到省料，日装裙摆至小腿中部，设计有活褶，方便活动。晚装裙长至脚踝，带有裙裾。

由于户外生活和运动的开展，毛衫在 40 年代快速流行，其主导者是 Chanel，外套一般长及腰线，所配裙子为中长裙，长度在小腿肚附近。套装以男式的裤套装居多，通过加入卷发、红唇、人造睫毛和浓妆，着意表现女性的另类性感。

图 4-3-1　1941 年战火中的着套装女士　　图 4-3-2　宽肩、收腰，融入男装特点的 40 年代女装，Jacques Fath 设计

图 4-3-3　带有垫肩并收腰的 40 年代女装

图 4-3-4　40 年代风格套装，Dsquared²2013 年秋冬设计

图 4-3-5　体现自然合体的腰部结构，Dsquared² 2013 年秋冬设计

图 4-3-6　灰色调的 40 年代风格女装，Band Of Outsiders 2013 年秋冬推出

图 4-3-7　放射状图形和锯齿纹，图为 Victor & Rolf2007 年 40 年代风格表现

外套

40 年代已含蓄地借鉴了男西装的款式造型，如宽肩造型和垫肩已运用于女套装中。套装、外衣都紧凑合身，腰线回到正常的位置，公主线分割服装，没有腰线分割，通常加上腰带强调腰部，使其保持自然线条，带方形扣环的腰带在日装中很流行（图 4-3-5 ）。

细节

40 年代女装趋于简洁，注重功能，因此口袋造型多样，结构简洁。此外省道、褶、塔克等也是细节的表现形式。

4. 色彩（图 4-3-6）

受战争和男装色彩观的影响，40 年代女装色彩主要体现出沉闷状态，倾向于纯度和明度相对适中的色彩，如纯度适中的棕色、瓶底绿、深绿、沙拉色、灰色和黑色。此外带好莱坞情调的金色、银色等亮色系也是表现重点。

5. 图案（图 4-3-7）

相比 20 年代，40 年代图案造型趋于简洁，与战争相关的户外田野、航行水手、热带岛屿（夏威夷）等主题非常流行。在具体表现上，印花和几何图形的线条随意自然，尤其是条纹、格纹、点纹，结合带有男装的款式结构，呈现出别致的 40 年代风貌，而这也影响到 20 世纪 70 年代的图案表现。

6. 材质

战争期间，一切奢华昂贵的材质，如丝绸、尼龙（1938 年刚发明）都被限制用于日常服装，而像人造丝、人造棉等相对低廉的面料成为主角。但是精致的毛料和粗花呢还是作为套装、外衣的首选。

40 年代是疯狂的皮草时代，各种类型的皮草是富贵的象征，如紫貂皮、水貂皮、南美栗鼠皮、波斯羔羊皮、银狐皮等在晚装和日装中都有运用，设计成大衣、短上装、披肩，最小块的皮草也会用来做饰边，点缀领或袖子（图 4-3-8 ）。

图 4-3-8　社交名媛的着装

图 4-3-9　40 年代帽饰

图 4-3-10　斜戴的帽子

图 4-3-11　图为 Victor & Rolf2007 年 40 年代风格兼有好莱坞特征的设计表现

图 4-3-12　1970 年 YSL "40 年代" 系列

图 4-3-13　Zac Posen 2007 年秋冬设计

7. 配饰 (图 4-3-9)

40 年代是帽子最丰富多彩的时期，贝雷帽和药丸帽替代钟形帽成为流行，其他还有男士便帽、硬草帽等。与 20 年代遮住前额的钟型帽完全不同，40 年代的帽子都是扁而平，轻巧地顶在头上，露出光洁的额头，常需要用别针固定在头上。斜带帽子，遮住一只眼睛的装束也很流行（图 4-3-10）。

鞋子的流行款式也很多，出现了粗高跟的圆头露趾鞋，双色鞋，平底鞋，中跟的系踝鞋，楔型高跟鞋都纷纷涌现，还有便鞋、系带鞋、搭扣鞋都是时尚之物。

三、40 年代风格流行演变（图 4-3-11）

40 年代后，女装风格经历了优雅成熟的 50 年代、年轻自由的 60 年代，直至 70 年代，40 年代风格重获设计师的青睐。1970 年在 YSL 首次自己品牌发布会上，其主题为 "40 年代"，设计师以 40 年代战时巴黎作为背景，虽然设计充满了优雅情调，但因为政治因素（维希政府），系列并没有获得媒体认可（图 4-3-12）。

21 世纪设计师都不约而同将设计视角转向了 40 年代风格表现。纽约的人气设计师 Zac Posen 的 2007 年秋冬新装，无论是粗花呢或绸缎日装连衣裙还是多层次的黑缎礼服，都充满 40 年代的经典优雅气质，构建出独有的清新时尚（图 4-3-13）。黎巴嫩裔设计师 Elie Saab 擅长走红毯的希腊女神式礼服表现，2009 年秋冬季，他将关注焦点聚集在 40 年代。这款粉灰色紧身裙日装，充满 40 年代风格特征，宽肩、收腰、几何拼接，既有男性硬朗感，也不乏女性高雅气质（图 4-3-14）。2013 年春夏和秋冬，40 年代风格持续发酵，Bottega Veneta、Burberry、Marc Jacobs、Zac Posen 等都以不同方式诠释 40 年代风情（图 4-3-15）。

图 4-3-14　Elie Saab2009
年秋冬设计

图 4-3-15　带性感元素的
Marc Jacobs2013 年 秋 冬
40 年代风格设计

图 4-3-16　Angela Missoni
2007 年秋冬季设计

图 4-3-17　Zac Posen2007 年秋冬设计

四、40 年代风格女装作品分析

1. 结合 40 年代风格的设计表现 (图 4-3-16)

在 20 世纪 40 年代与 70 年代风格持续升温的
2007 年秋冬季，Missoni 混融了这两个年代，塑造
出新的时装轮廓。设计师 Angela Missoni 的设计
灵感包括早期好莱坞影星 Rita Hayworth 的发型、
Marlene Dietrich 翘檐帽，以及 70 年代 David Bowie
的音乐。Angela Missoni 惯有的几何及迷幻放射状
图案，绑绳设计以及栗色、褐色、米色、芥末色、暗
粉色、灰蓝色等丰富的色调都为本季的设计带来不少
前卫时髦的全新元素。这款设计运用品牌著名的锯齿
状图案，外套领部、肩部和袖口都装饰着毛茸茸的皮
草，带出一种低调贵气的狂野时尚，搭配典型的 40
年代风格中长裙，彰显出现代女性摩登的现代气质。
窄细的皮革条由金属铆钉固定出不规则的造型，装饰
在细腰位置，在强调女性曲线的同时，也带出了一种
70 年代的朋克概念。

2. 充满都市感的 40 年代风格设计 (图 4-3-17)

美国设计师新锐 Zac Posen2007 年秋冬成衣

设计推出了娇俏可人的迷你沙漏型洋装和饰有皮
草毛领的外套，充满着 40 年代优雅风情。紧身剪
裁、简约合身的廓型设计令穿着者显得非常高挑，
完美地建构着设计师独有的清新时尚。这款裙装设
计以褶皱作元素进行变奏，胸前和袖肩均有大面积
的褶皱，擅长结构的 Zac Posen 运用其娴熟的技
艺，以褶皱构筑了奇妙的图形。厚薄适中的面料结
合适体的剪裁完美塑造出曼妙廓型，再现了 20 世
纪 40 年代风格特质，体现了十足的女人味。色彩
是深沉的黑灰色，再次点出设计师的现代都市风尚
的考虑。

3. 裤套装的华贵表现 (图 4-3-18)

Gucci2006 年秋冬的作品，主设计师 Giannini
设计的灵感缪斯取自于 20 世纪 40 年代的 Lee
Miller，这位有着模特从业背景，后投身战地摄影的
超现实主义人物触动了 Giannini。在具体设计上，
Giannini 将重点放置在腰线和肩部的设计，高腰和肩
线得到强化，双带搭扣塑造的帝王式腰线比例，在整
体上奠定了冷酷的基调。虽然是裤套装的男性结构，
但设计师通过色彩的金色的差异、面料的亮闪效果的

不同同样使服装产生高调的艳丽和性感，突出了设计师所欲表达的华贵气息。

4.40 年代主题的帅气表达 (图 4-3-19)

2009 年秋冬，法国奢华的 Hermès 品牌推出 40 年代主题，其设计灵感来自美国二战后的女飞行员 Amelia Earhart 和 Amy Johnson 形象，系列中不乏标志性的飞行帽和短茄克。这款设计连衣裙采用褐色皮质，领边镶饰毛皮，突出品牌的技术优势。简洁的款式结构融入 40 年代特有的精致和优雅。而帅气的飞行帽外加造型别致的颈饰、腰带，使 40 年代主题变得硬朗和刚毅。

5. 低调怀旧的 40 年代风格设计 (图 4-3-20)

2013 年 T 台上弥漫着浓郁的 40 年代怀旧风潮，意大利品牌 Bottega Veneta 这一在时尚界素以手工条状的皮革编织著称的品牌，其 2013 年春夏时装秀设计笼罩着低调优雅的 40 年代诱惑，主设计师 Tomas Maie 表示"它能让女人感到自信"。这款裙装展示了 40 年代典型特征：宽肩、收腰、正常腰线，合乎体型的分割以不同花形图案布料拼接，流露出淡淡的怀旧气息。同样低调还有色彩组合，灰蓝色衬底的黑白花朵与黑底白花交相辉映。整体上，设计师意欲塑造女性严谨和低调而不失刚毅和自信一面。

图 4-3-18　Gucci2006 年秋冬设计

图 4-3-19　Hermès2009 年秋冬设计

图 4-3-20　Bottega Veneta2013 年春夏设计

第四节 50 年代风格时装

一、50 年代风格产生的相关背景

1945 年,历经八年的第二次世界大战终于结束了,这场战争给各国经济、文化造成了灾难性的破坏,人们的生活水准急剧倒退。当时妇女着装普遍停留在战时状态,具男性化的工装仍是主要款式。随着战后重建开始,日常生活渐渐恢复正常,许多妇女走出家门去工作,在社会上迫切希望在着装上能体现女性魅力,以增添自信。同时社交聚会增多,许多人在工作结束后,会换上晚礼服出入于歌剧院和剧院。

在时装界,战后又回复到过去的秩序,巴黎重新占据了世界高级时装的霸主地位,其注重女性优雅、浪漫的着装风格为世人所关注。不过在 50 年代是巴黎占据这一地位的最后十年,高级女装虽然仍具有相当影响力,但已不如从前,随着 1956 年美国年轻文化的侵入,设计师开始关注作为一支新兴消费阶层的年轻一代。Christian Dior、Jacques Fath、Cristobal Balenciaga、Hubert de Givenchy 等设计师在当时最具代表性,他们关注当时女性着装品味,而不同于战时乏味的着装审美,表现女性曲线的设计形式成为设计师的首选,具造型感和体现女性高雅气质的时装为设计师所推崇,甚至为突出这一形象而不惜加入紧身胸衣,以产生强烈对比效果。Dior、Balenciaga 等设计大师主宰着流行,他们设计的裙摆长短、翻领大小或袖子宽窄引导着时装潮流。

1.Dior 和"新风貌"(图 4-4-1)

20 世纪 40 年代末期,残酷的第二次世界大战刚刚结束,所有物质都极其缺乏,人们的着装还停留在战时的状态,穿着简朴呆板的平肩裙装,没有一丝女性魅力。Dior 敏锐察觉到这一现象,在法国纺织品大王 Boussac 的资助下,于 1947 年推出了极具女性高贵、典雅和奢华感的服装系列——"New Look"(新面貌)。迪奥的"新风貌"并非全新的创造,确切地说它应该是 20 世纪 30 年代后期女装的变化版,曾被抛弃的束腰和蓬裙又回到设计中。最经典的"新形象"造型是一款被称为"Bar"的套裙:上装由天然丝绸制成,无垫肩,腰部紧收,沿臀部加入一圈衬垫让衣摆撑开,使人体呈沙漏型;下装则是一条带裙撑的阔摆打褶裙,长及小腿肚,配上黑色的长手套,细高跟鞋,活脱脱一副"S 体态"的翻版。

一开始,无论在英国还是在美国,人们都拼命

图 4-4-1 Dior 的"新风貌"设计

嘲笑"新风貌"装,认为它太不切实际了。在很长一段时期内家庭主妇和打字员小姐们都不可能这么穿。但潮流的发展变化出乎人们的意料。妇女们渴望尽快扔掉战时呆板的衣服,忘掉任何有关战争的记忆,她们很快就采纳了这一款式。Dior 的"New Look"装取得空前的成功,不仅使他一跃成为最有影响力的设计师,还使巴黎再次确立了时尚中心的地位。他的成功很大程度上在于揣摩对了女性的心理,由于妇女们在战时多穿较男性化的服装,所以战后她们希望能充分表现自己温柔妩媚的特点,Dior 把握住了这一点。

自 1950 年至 1957 年,Dior 几乎每年推出两个新造型,如"翼型造型""垂直线造型"、"椭圆形"、"波纹曲线形"和"黑影造型"、"郁金香形"和"埃菲尔塔形"、"H 型系列"、"A 型系列"、"箭形"、"自由形"和"纺锤形"(图 4-4-2)。Dior 是第一个开始每季推出不同造型、不断改变裙长的设计师,他引导了 20 世纪 50 年代的流行(图 4-4-3)。

2.50 年代时尚偶像——奥黛丽·赫本(图 4-4-4)

奥黛丽·赫本无疑是 50 年代最耀眼的时尚明星。这位出生于比利时布鲁塞尔的贵族后裔演艺生涯超过半个世纪,在 60 年中历演了 50 部电影,四次获得

图 4-4-2　Dior 推出的时装造型

图4-4-3　1958 年 YSL 为 Dior 设计的"梯形"系列

图 4-4-4　着小黑裙的奥黛丽·赫本

图 4-4-5　50 年代风格女装体现出优雅和精致

图 4-4-6　Y 型服装

图 4-4-7　Dior 公司 1960 年的 A 型设计

奥斯卡影后桂冠。赫本因在《罗马假日》中的出色表演而蜚声世界，在片中她扮演楚楚动人的安妮公主，表现出公主高贵、优雅的气息，外貌优美脱俗，体态轻盈苗条，尤其剪成赫本头表现出的天真无邪，使她成功赢得多数人的赞赏，"赫本头"一下子成了国际流行发式。

赫本是世界影坛上难得一见的瑰宝，她的容貌清秀，不俗艳，身材苗条修长，气质高雅纯洁，是冰清玉洁、高雅端庄的典范。服装大师 Givenchy 为她所设计服装，每次都成为流行的风向标。奥黛丽·赫本在黄金时代所创造的银幕形象，正如她自身一样，留给人们美好的印象，也成为许多设计师的灵感之源。

二、50 年代风格时装设计解析

1. 风格 (图 4-4-5)

50 年代风格通常指流行于 1947 年至 1956 年的服装风格。基于女人热衷打扮自己的美好愿望，女装重新恢复表现女性的妖媚美感，有格调，讲究气派，体现出隆重、高雅、端庄、精致的特性，同时带有奢华感，Dior 的"新风貌"女装即是代表。

2. 造型

50 年代是最能体现服装外观造型的年代，设计师为使服装体现鲜明的曲线，往往创造出诸多夸张的造型。许多外型轮廓均用形状或字母命名，如铅笔型、郁金香型、茧型、钟型、带有裙撑和内裙的气球型，以及 Y 型（图 4-4-6）、S 型，带有公主线的 X 型以及阔摆的梯型等轮廓。当时的女装分作 A、H、S 三种剪裁法，突显出女体的不同表情与曲线。A 型上身窄，裙身蓬宽，多用在日间休闲服中（图 4-4-7）；H 型上下窄直，腰身服贴，注重隆重高贵的剪裁；S 型则突显玲珑曲线，性感的剪裁多用在晚装设计中，晚礼服有多种豪华而大胆袒露的设计，表现着这个时期女服对性感的追求。

3. 款式 (图 4-4-8)

50 年代风格的服装追求柔软的曲线线条，纤细的蜂腰、夸张的胯形和优雅的裙摆是 50 年代造型中最重要的三部分，通过紧身胸衣的参与使服装外形产生起伏变化。半腰带是 50 年代女装特色，在公主线开刀处加入腰带并连接至后片。加褶的裙子和收腰的短上衣在这一时期特别流行，肩部窄小合体，腰部收紧，裙摆从小腿上移至膝盖（图 4-4-9）。

胸罩、紧身衣和衬裙

在强调女性外观魅力的手段中，胸罩、紧身衣和衬裙又扮演了重要角色。胸罩制做巧妙，插入衬垫或金属丝加以支撑，使乳房显得饱满而高耸，有时甚至

图 4-4-8　款式简洁、造型优美的 50 年代女装

图 4-4-9　Givenchy 1955 年设计的裙装

呈圆锥状，使乳房外观更富有性感。松紧性强的紧身衣和紧身短裤把女性的腰腹勒紧，显得苗条秀丽。同时各种衬裙也复活了，把女性的臀撑得饱满。

领部

外套以小翻领、无领和夸张的超大领为主，与简洁的款式相吻合，同时也衬出女性娇小的面容（图4-4-10）。

肩部

女装的肩部合体，很少用硬垫，使肩部随着圆柔的自然肩线斜溜下去，显出女性上体的娇小柔媚感觉。

外套

保守的三件套是女装的主要形式，线条柔软。为了表现精美的造型，50年代的女士西装外套借鉴男西服的精密手工，硬挺又有型，经常在内部构造上加多处垫物，让整件西装看上去像是巧夺天工的雕塑品（图4-4-11）。A型的服装占据主流，许多大衣也经常做出这种新式的外观。

裙子

裙子主要为造型呈舒展的敞开式圆摆裙，与收紧的腰身形成鲜明对比，突出女性曲线美感。此外也有呈铅笔造型的裙子，造型合体，连同紧身的上装呈细长感。晚装多无肩带结构，裸露背部和手臂（图4-4-12）。

4. 色彩（图4-4-13）

这一时期，是整个艺术和时尚领域追求色彩绚丽的时期，服装用色彻底摆脱战时压抑单调的色彩，高纯度色彩成为主角，如鲜亮的红色系、绿色系，以及橙色、紫色、黄色和各类粉色等。

5. 材质

50年代春夏装以轻薄、质感飘逸的绸缎为主，体现女性的优雅感；秋冬装则为具质感、能表现廓型的面料，如薄呢、大衣呢等。当今在表现50年代风格中除了常规的丝质薄料和呢料外，各类斜纹布、印花呢、针织料等也很常见。

在表现50年代风格中，毛皮也是不可缺少的，无论是天然还是人造都是绝佳选材。

图4-4-10　1948年Dior"新风貌"设计中的一款

图4-4-11　Balmain 1953年设计的套装，硬挺又有型

图4-4-12　Dior设计的晚装）

图4-4-13　Moschino2007年春夏演绎的50年代风格设计

6. 配饰（图4-4-14）

50年代是一个从头装扮到脚的年代，女性装扮极重视细节，与服装配套的鞋、包、手套、帽子以及精致的妆容缺一不可，配件款式与战前相比已趋于简洁。

50年代的鞋子高跟、尖头、狭窄，高跟甚至变成钉子一样，鞋头露趾的高跟凉鞋在晚会上很流行。鞋身装饰复杂，经常有刺绣花样。

帽子和手套是当时时尚女性的重要道具，尤其在正式场合是必不可少的。花瓣集合的平帽、飞碟帽、无檐的平顶帽，深的宽檐筒帽都风靡一时，在帽子的宽檐上，会加上各种羽毛、假花、面纱之类的装饰（图4-4-15）。为搭配色彩丰富的礼服，手套的色彩也变化多端，长臂手套又出现了，主要用于与晚装搭配。

与50年代的优雅风格相配，包袋流行小巧精致，通常是信封造型。

7. 发式（图4-4-16）

配合高贵、优雅的着装风格，盘发成为时尚。卷发也占据一定的地位，尤其强调自然的状态。此外赫本式的短发很受欢迎（图4-4-17）。

三、50年代风格时装流行演变（图4-4-18）

50年代风格女装造型感极强，造就了许多极为雅致的时装，成为现代设计师找寻典雅的灵感来源。1995年春夏，出任主设计师不久的John Galliano为Dior品牌的设计灵感取自当年的"New Look"系列，设计造型夸张，讲究曲线美感，Galliano以前卫的设计理念将优雅时尚演绎成新形象（图4-4-19、图4-4-20）。

在21世纪，设计师结合自身风格，以不同于20世纪外形塑造的手法频频表现50年代风格，在款型、细节、色彩、材质和图案运用上更加

图4-4-14　50年代女装配饰齐全　　图4-4-15　帽饰

图4-4-16　发型，图为50年代偶像索非亚·罗兰　　图4-4-17　受欢迎的短发

图4-4-18　Moschino2007年春夏50年代风格表现　　图4-4-19　1947年Dior的"New Look"款式

图 4-4-20 1995年 Galliano 重新演绎的 Dior "New Look" 设计　图 4-4-21 Chanel2007年春夏的 50 年代风格表现　图 4-4-22 Roberto Cavalli2008 年秋冬的 50 年代主题设计　图 4-4-23 Atsuro Tayama2007 年秋冬设计　图 4-4-24 Chanel2007 年春夏设计　图 4-4-25 Victor & Rolf 2006 年秋冬设计

细腻、柔美和多元化。2003 年春夏在波希米亚风狂吹的同时，设计师也将时尚触角伸向了 20 世纪 50 年代，推出了装饰有蝴蝶结、色泽甜美绚丽、圆点图腾纹样、收腰宽摆的印花连身裙等，带浓厚的 50 年代风格设计，再现了《罗马假期》中奥黛莉·赫本的形象。美国设计师 Marc Jacobs 以极具女性感的雪纺、蚕丝剪裁成细肩带洋装，腰间系上俏丽的缎质蝴蝶结，鞋端加上优雅的蝴蝶结，诠释了 50 年代的复古风情。比利时设计师 DV Noten 以带有民俗性的图案和色彩结合 50 年代廓型，塑造了别样的优雅风格。2005 年秋冬，对 50 年代的怀旧成为了设计师们不约而同的主题。在这股回归女性及贵族风格的影响下，服装格外重视细节的装饰性，以体现优雅高贵的风格，女性化的蝴蝶结成为重要的装饰，此外，流苏、毛边、闪烁的珠片也成为标签式装饰手法。2007 年和 2008 年，50 年代风格再次成为一大流行趋势（图 4-4-21），设计师除了尝试通过对比的廓型来表达 50 年代情调外，也一改 50 年代低调优雅，以纯度高的鲜亮色彩昭示着 21 世纪的时尚趋势（图 4-4-22）。

四、50 年代风格女装作品分析

1. 带未来主义倾向的 50 年代风格设计（图 4-4-23）

日本设计师 Atsuro Tayama（田山淳朗）2007 年秋冬系列灵感来源于 20 世纪 50 年代的经典款式，再加上 20 世纪 60 年代的设计元素，整体带有些"未来派"的设计理念。黑色针织套装、高腰节的公主裙和花苞裙是主打产品，提花和印花经过设计师的斟酌，使之看似简单质朴，但换个角度显现出好莱坞的感觉，作品中优雅的色调及精致的工艺表现无不体现出高级时装的味道。此款齐膝套装收腰结构，七分袖长度，加上典型的"赫本头"，将人的记忆回溯至 20 世纪优雅的 50 年代。但

在细节上充满了 60 年代宇宙风格，上装立体造型的领形、肩线和前胸两侧特殊形状的结构线以及圆形挂件，通过直线、弧线和圆形的运用，明显带有 60 年代宇宙风格开创者皮尔·卡丹或古亥吉的设计影子，同时兼具 21 世纪初刮起的未来主义风潮，设计师以此将女性的妩媚典雅与硬朗俊秀作了很好地嫁接。

2. 优雅性感的 50 年代风格表达（图 4-4-24）

清新典雅的形象塑造是法国著名时装品牌 Chanel2007 年春夏系列主调，Lagerfeld 欲创造出经典永恒的作品，设计师将设计灵感延伸至 50 年代及时尚偶像赫本。这款设计采用 A 字廓型，围裹式上装结构恰当勾勒了女性曲线。领口和腰部无疑是设计重点，设计师通过立体领形加强女性的柔性表现，而点缀装饰吻合了 21 世纪流行需要。稍阔、超短的裙摆恰到好处地提升女性的柔美一面。

3. 另类的 50 年代风格表现（图 4-4-25）

荷兰设计组合 Victor & Rolf 的 2006 年秋冬秀带领观众回到了最世故、最优雅的 20 世纪 50 年代，他们重新回归巴黎迂腐守旧路线，以黑色小洋装、法式风衣、灰套装或 Dior 感的圆蓬裙晚礼服等正经装扮故作保守。为了惟妙惟肖地重现高级定制服黄金时代的时装表演方式，模特们戴上网眼面具，头上固定一小束下垂的卷发，并谨慎地模仿模特前辈们的举止，一如往常的带着诡谲的气氛。网状的击剑式面罩，欲盖弥彰凸显女性的神秘和诱惑力。此款设计取自风靡 50 年代完美夸张的 X 造型，但设计师设计思路是现代的，胸部紧身胸衣具有中世纪的元素，但用银色面料来表现体现出现代感。加裙撑的蓬裙，宽大无边，尽显辉煌出众以及反骨。腿上也配合灰网眼长袜，将优雅高贵进行到底。

第五章 20世纪60年代的时装风格

第一节 60年代风格时装

一、60年代风格产生的相关背景

20世纪60年代正处于西方经济飞速发展、物质水平极大丰富、文化思潮风起云涌时期。由于战后人口出生率的急剧增长，至60年代中期，美国将近一半人口年龄在25岁以下，这意味着一个新兴的庞大消费群体的诞生。这些战后成长起来的年轻一代正值成年，他们养尊处优，没有前辈在40年代的战争经历和50年代的物质匮乏体验，他们渴望社会上的认可和自我满足。在此背景下一场充满活力的年轻文化运动在欧洲大陆轰轰烈烈出现，其中以英国伦敦为甚（图5-1-1）。

图5-1-1　60年代伦敦著名的Carnaby街充满着欢快场面

在时装界，流行于50年代体现女性曲线美感的设计，事实上在50年代末已趋于弱化。至60年代，年轻人逐渐表现出强烈的反叛意识，他们在审美和着装观念上完全不同于他们的父辈，以年轻化替代成熟感，以前卫替代传统，其标准装扮是印花超短裙、紧身连裤袜、花形首饰和大波浪卷短发，这成为60年代风格的典型表现（图5-1-2）。

此外由于科技和工业的迅猛发展，一大批新型面料问世，包括涤纶、尼龙、PVC等新型人工合成面料逐渐取代传统的丝质物和毛质物，成为时装主要材质。这也为60年代年轻风格的塑造提供了物质保证。

1. 超短裙

整个60年代的时装中心在英国伦敦，其中最具震撼力的当属超短裙的流行。50年代裙长基本在小腿肚上下，1953年Dior将裙摆剪短了若干英寸，曾引起了巨大反响，而英国设计师Mary Quant于1962年提出"剪短你的裙子"这一口号无疑更具革命性，1963年她在 Vogue 杂志上率先推出了惊世骇俗的裙摆在大腿上的超短裙，破天荒地使用了具有湿漉漉效果的PVC作裙装面料，配带有儿童意味的彼得潘领，并在设计中使用了塑料白色雏菊。一场时装设计革命就此展开（图5-1-3）。

事实上，50年代后期时装设计已露出变革端倪，

图5-1-2　1966年伦敦年轻人着装

图5-1-3　Mary Quant 以 PVC 面料设计的裙装

1957 年，Balenciaga 发表了与 Dior 风格完全相反的宽松"布袋装"，这表明了腰节线需要解放的趋势。"布袋装"直接影响了英国年轻设计师 Mary Quant50 年代晚期裙装的设计，她在 60 年代推出的迷你裙中留有"布袋装"的痕迹。Mary Quant 设计的超短裙在形制上延续了古希腊、古罗马的 Tunic 样式，但设计大胆，风格前卫，迎合了年轻一代反叛思潮，受到年轻一代的狂热欢迎。美国首先流行膝盖以上 5 厘米的超短裙，之后在世界范围迅即漫延开来。从此裙子长度越来越短，直至产生了长仅刚好盖过臀部的超短裙。

与超短裙配套使用的是连裤袜和高统靴，这是由 Andre Courreges 率先创造的。

2.60 年代风格的理想形象 (图 5-1-4)

如果说 50 年代 Dior 的 "New Look" 创造了优雅成熟女性形象，那么 60 年代则被天真可爱形象所代替，60 年代风格代表——超短裙更适合身材清瘦、胸部平坦、似乎还未发育的少女。当时最受欢迎、为世人倾倒的是英国人（Twiggy 崔姬），这个有着娃娃脸、身材削瘦模特极受时尚界的崇爱，时装杂志充斥着她那身着超短裙、涂着浓黑眼圈的另类形象。Twiggy 开创了一个时尚形象（Twiggy 时代），她影响了 60 年代年轻人的时尚文化。

二、60 年代风格时装设计解析

1. 风格 (图 5-1-5)

在 60 年代中，人们理想的完美形象已从 50 年代优雅精致转换成不分性别、年轻、活力、简洁和朝气，甚至带点儿童般的天真感。

图 5-1-4　60 年代时尚偶像 Twiggy

60 年代充满了年轻人的梦想，各类前卫思潮占据了他们的心灵，作为时尚理所当然成为他们展现思想的领域。与他们的前辈相比，60 年代年轻人更愿意抛弃传统的审美，以一种反文化的形象出现，所以传统服装设计中的装饰、女性的古典美表现都被远离，取而代之的是自然的造型、强烈的对比、夸张的配饰，将服装塑造出清新又富有朝气的活泼可爱形象（图 5-1-6）。

2. 造型 (图 5-1-7)

60 年代女装注重直线形式，剪裁简洁。造型以 A 型、H 型和梯型为主，上身较合体，下摆向外展开（图 5-1-8）。

图 5-1-5　充满活力的 60 年代风格女装

图 5-1-6　活泼可爱的迷你裙设计

图 5-1-7　呈 H 型的 60 年代风格女装

图 5-1-8　1967 年 Courreges 设计的裙装

3. 款式 (图 5-1-9)

追求简练的设计效果，肩部较窄，夏装以无袖为主，秋冬装袖身合体，长短不一。细节处理趋于简洁，无过于繁琐的装饰。直筒短外套配超短的裙子是典型搭配，长短形成一定的比例关系。外套简洁、短小，看上去似儿童服装。连身裙装大多不设正门襟，或以拉链替代，选用的钮扣造型硕大，体现可爱情结。主要款式有各类超短裙、A 字型无领无袖连身短裙、衬衫裙、窄腰大摆半截及膝裙或伞裙、长及大腿中部的外套、高腰超短风衣等（图 5-1-10 ）。

领

60 年代女上装较短小，装饰感强的小圆立领或彼得潘领成为设计的重点。而连身裙流行一字领、圆领或半立领（图 5-1-11 ）。

裙长

长度基本在膝盖以上，从膝盖至大腿上部，最短在膝上 30 厘米左右，底边平且裙摆较大，并在下摆处运用各种工艺手段装饰，将视觉向下引（图 5-1-12 ）。

腰

腰部结构宽松，不强调纤细的腰肢，两侧线条柔和。腰线偏下，将人的视线集中在下身部分。

4. 色彩

60 年代服装色彩充满着幻想，带有天真和可爱感觉，一类是纯度较高色彩，具有霓虹般的效果，常见色彩有嫩黄、红色、果绿色、鲜橘色、金银色、灰色和白色等；另一类是粉色色系，如粉红、粉绿、粉黄等。在具体运用上注重色彩之间的面积拼接或色彩互衬，拼接色彩以黑色带间隔。在 2005 年和 2006 年春夏设计中，具 60 年代风格特征的粉嫩色彩占据

图 5-1-9　Pierre Cardin 1968 年设计的迷你裙

图 5-1-10　Chanel1963 年的设计作品　图 5-1-11　彼得潘领

主流，尤其是粉绿、粉橘等（图 5-1-13 ）。

5. 图案 (图 5-1-14)

印花是 60 年代的象征，广泛用于裙装，而大花、点纹、大条纹、棋盘格、抽象纹各领风骚，在衣裙，甚至长筒袜都有表现。此外图案还有斑马纹、豹纹、水波纹、七巧板纹、向日葵、雏菊以及古典方格等（图 5-1-15 ）。

图 5-1-12　连身短裙　　图 5-1-13　Courreges1967 年设计的镶拼色连衣裙　图 5-1-14　雏菊是 60 年代风格女装图案的主要表现　　图 5-1-15　1967 年 Courreges 以雏菊为元素设计的裙装

（左）图 5-1-16 不同的迷你裙设计，配饰也各不同
（中）图 5-1-17 靴子适合搭配 60 年代风格女装
（右）图 5-1-18 童花式发型

6. 材质

具高科技的新型合成面料，如闪光面料、PVC、漆皮、皮革是 60 年代女装主角，此外华达呢也是设计师热衷选择的面料。

7. 配饰（图 5-1-16）

60 年代风格配饰夸张、整体、简洁和超大。对于 60 年代风格，假发是必不可少的装束和象征，造型上越蓬松越佳，配合简洁合体的服装造型，塑造夸张的效果。金色粗手镯套、几何的黑色超大墨镜、金色链条以及别有各种徽章、水晶和金属装饰的包袋。夸张耳环、珍珠项链、有机玻璃发夹、大太阳帽、松糕鞋也不乏表现。

由于视觉关注的重点在腿上，因此紧身袜代替了长筒袜，与平底高统靴一起成为最具 60 年代特征的配件，此外还有平底的芭蕾舞鞋（图 5-1-17）。

在 60 年代，帽子只在正式场合才出现，取而代之的是头巾装饰，尤其是作为时尚偶像、美国总统肯尼迪的夫人 Jacqueline Kennedy 热衷于此打扮，她那优雅的形象带动了头巾在 60 年代的风行。

8. 发式（图 5-1-18）

60 年代发式造型有高耸发髻，也有童花式，扮成天真烂漫效果。沙宣于 1963 年为配合 Mary Quant 的超短裙而设计的 BOB 发型同样代表着 60 年代的精神。

三、60 年代风格时装流行演变

60 年代风格女装表现为造型合体，不讲究曲线结构，其代表性款式是超短裙。在 70 年代，日益趋短的超短裙渐渐转化为裤装形式——热裤，同时由于受迪斯科风潮的影响，造型趋于紧身。80 年代，法

图 5-1-19　Chloé2006 年春夏 60 年风格设计

国设计师 Azzedine Alaia 设计了裁剪紧身的短装，并搭配超短裙，性感撩人，开创了超短裙的新视角。收腰短装、娃娃装等款式以及向日葵图案、闪光面料等典型的 60 年代风格元素则在 90 年代女装流行中又绽放出新的活力，造型回复至合体结构。

21 世纪初，超短裙再登时尚舞台，由于广泛采用 Mix & Match 设计构思方法，超短裙的风格样式、搭配形式趋于多样化，如结合中性、运动、前卫等不同感觉的设计。2005 至 2006 年的春夏 T 台上，设计师都纷纷把设计灵感转向 60 年代的经典款型，在 T 台上重温 60 年代的时装梦想（图 5-1-19）。2006 年秋冬继

图 5-1-20　追求臀部造型的超短裙设计，图为 Preen2007 年春夏作品

图 5-1-21　配裤袜的 60 年代风格设计，图为 Etro2007 年春夏设计

图 5-1-22　Iceberg2007 年春夏带未来感的设计

续了 60 年代廓型，另外加入了蕾丝这一浪漫甜美的材质，流露出浪漫主义情调。2007 年将视点转向腿部，在裙长超短的同时，臀部区域被塑造成各种形态（图 5-1-20）。在搭配上也别具特点，超短裙装配深色或条纹紧身裤袜成为流行（图 5-1-21）。同时随着未来主义风格的扩展，在 60 年代风格表现中混合了金色与银色，高科技的面料被广泛运用（图 5-1-22）。

四、60 年代风格时装作品分析

1. 结合 80 年代特征的 60 年代风格表现 (图 5-1-23)

比利时设计师 Veronique Leroy 的风格独树一帜，在法国生活的她继承了法国式浪漫，其设计带有强烈的女性味，同时受到 20 世纪 80 年代迪斯科文化的影响。Veronique Leroy 能将性感及优雅完美地结合，融入自己的风格并塑造出一个人所共知的强有力鲜明形象。这款 2007 年春夏的设计延续了之前 60 年代风格流行元素，如典型的 60 年代廓型特征。款式简洁，大开口的 U 型领，形象年轻。适度的裙长，优雅而随意，不经意流露出法兰西情调。同时设计也融入了现代女强人意味，设计师运用了具凹凸不平的肌理效果面料，多褶的结构塑造出膨松的袖型，宽腰带的设计并不强调花俏，但传递出利落的感觉，这些细节与 07 年流行的 80 年代风格不谋而合。淡雅的色彩体现出悠然自得、柔和舒适的现代时尚感受。

2. 结合颓废造型和 Grunge 风貌的 60 年代风格设计 (图 5-1-24)

美国设计师 Marc Jacobs 在其 Marc Jacobs2007

年春夏系列设计中，回到他最擅长做的设计：涵盖多重元素的颓废造型和 Grunge 风貌。秀场融入了 16 世纪后期德国作曲家 Pachelbel 的卡农曲背景音乐以及极简音乐大师 Brian Eno（布莱恩·埃诺）的影像，以油漆粉刷出草绿色伸展台走道，营造了一个春意盎然的乡村风貌的舞台背景。Marc Jacobs 的这款收腰短茄克设计采用薄纱制成起伏不平的条状结构，搭配露出足踝的宽松郁金香花型泡裤，看起来有着说不出来的突兀与怪异，这种风格鲜明的单品表现出设计师天马行空的设计风格和"怎么混搭怎么配都行"的精神。Jacobs 依然钟情玩味复古趣味的设计，并将 20 世纪 60 年代甜美元素作了些微妙变化：发带上的白色花饰、大版本的蝴蝶结、短装的抽褶大翻领等。白色、

图 5-1-23　Veronique Leroy2007 年春夏设计

图 5-1-24　Marc Jacobs2007 年春夏系列设计

黑色构成整款主调，相互穿插，又互为补充。

3. 甜美低调的 60 年代风格设计 (图 5-1-25)

2006 年春夏的法国品牌 Chloé 时装秀主题是回归 60 年代的少女风格，Chloé 的爽朗利落的崭新形象出现在人们的眼前，经典的三角裙、菊花花边的薄纱裙等令 Chloé 看起来犹如 60 年代电影中的俏丽女角。设计师 Phoebe Philo 在服装的选择上倾向于优雅的成熟化，她喜欢在袖子和服装边缘上做处理，如造型夸张的羊腿袖、温文尔雅的蝴蝶袖、可爱张扬的泡泡袖以及热情洒脱的喇叭袖……蕾丝的运用更是游刃有余，镂空的花边散布在领口、胸前、裙边，蕾丝与低领口，与大身面料巧妙的结合在一起。所有的设计不仅技法娴熟，而且洋溢着一股甜美的青春气息。配饰上更利用大型醒目的金属饰物，以浪漫夸张的方式点缀了这季的波西米亚风。这款裙装设计呈 Tunic 结构，U 型领、无袖，典型的 60 年代廓型。领口白色嵌线和露出的一小截裙摆彰显设计师把握细节的能力。丝织装饰花布满裙身，疏密有致，流露出浓浓的波希米亚情调。整款丝织面料呈现淡雅的米白色调，显示出少女的内敛和低调甜美感。

图 5-1-25 Chloé2006 年春夏设计

第二节　嬉皮风格时装

一、嬉皮风格产生的相关背景

二战后成长起来的新一代年轻人没有经历过战争，随着美国经济的复苏，他们轻而易举地拥有高品质的生活质量，漂亮的住宅、汽车、立体声音响、电视机和足够的零花钱。然而过于舒适的生活状态使他们迷茫，受到垮掉派文学的影响，他们缺乏生活热情。

1965 年美国直接干预了越南，战争残酷的现实让年轻一代对社会失去信心，他们害怕战争、厌恶战争，唾弃物质世界的伪善，批评西方社会的价值观。他们热爱自然，渴望波希米亚式的生活方式，希望集体逃离尘世，过上乡村的隐居生活。于是他们迷上了神秘东方密宗和原始部落的图腾信仰，倡导非传统性的宗教文化。由于失望，他们开始沉醉于迷幻药，以获得腾云驾雾的吸食效果。他们还聚众生事，公开地提倡同性恋和吸毒。他们渴望爱与和平，"Make love，not war"成为他们最响亮的口号。

1. "Hippie"的产生与典型打扮

在美国东海岸的格林威治村存在着一群对现实失望的年轻人，自称"Hips"，1965 年旧金山一家报纸首先使用了"Hippie"一词，以描写年轻的波希米亚者。60 年代典型嬉皮士形象为：身着喇叭裤和宽松由自然纤维织成的大块布印度衫，拖着近乎赤脚的凉鞋，身上戴着绚烂的和平勋章，披挂长形念珠，颈挂花环。嬉皮服饰品味更接近于东方民族装束，如印度妇女用披巾、阿富汗式外衣、摩洛哥式工作服、土耳其式长袍、吉普赛的服饰等。年轻女嬉皮士喜欢穿有印度鲜花图案且又大又长的裙子，配 T 恤或农民式短衫，把带子或方巾搭在前额。

2. 嬉皮运动

1966 年嬉皮运动终于因越战而在美国旧金山的松树岭地区爆发，之后这股时尚风靡整个欧美的青年之中。1969 年 8 月在美国纽约举办了规模最大的嬉皮运动，与会者达数百万之众，之后嬉皮运动逐渐沉寂下来，至 70 年代销声匿迹。

嬉皮运动是伴随着反权威、反政府形象出现的，早期的嬉皮士是一些很有素养和理想的青年，包括了劳动阶级、白领阶级、高级知识分子和社会中各行各业的青年。他们反对整齐、排斥优雅，追求自然而无拘束的生存方式，因对现实的逃避而转向东方国家寻求理想。嬉皮士崇尚个人主义和东方宗教，在服饰上模仿神秘的东方着装，许多嬉皮士前往印度、阿富汗、土耳其、巴基斯坦等东方之地"取经"，带回当地的传统服饰如土耳其宽袍、彩色念珠、扎染、编织物。嬉皮土们对二手市场情有独钟，每到周末，便有上百成千的年轻人拥向跳蚤市场，他们挤在堆满了旧衣的货架旁挑选出他们喜爱的旧皮毛大衣、纱裙、旧军装、古典式花边衬裙、纯丝的衬衫、天鹅绒短裙或 20 世纪 40 年代流行的纯毛大衣，再根据自己喜好重新搭配。这些服饰经搭配后形成了嬉皮士的反叛形象（图 5-2-1）。

图 5-2-1 嬉皮运动深受东方，尤其是印度文化的影响，图为 1967 年甲壳虫乐队成员与印度宗教领袖的合影

二、嬉皮风格时装设计解析

1. 风格（图 5-2-2）

追求无拘无束、自由自在的生活方式是嬉皮精神实质，同样嬉皮风格女装也呈现自由、随意的效果，在图案、色彩、材质、装饰手法等方面将各地区、各时代的民族风格服装组合在一起，形成怀旧、浪漫和自由的设计风格，并带有相当的异域情调。

2. 造型

嬉皮士追求自然生活，东方、南亚诸国的宽松服制颇受他们的青睐。因此嬉皮风格女装在造型上以宽大的 H 型、长帐篷型居多，此外还有 O 型等（图 5-2-3）。

3. 款式（图 5-2-4）

混融各地民族、民俗服饰元素是嬉皮风格女装的主要特点，如手工缝制（印度的串珠、拼接布料和刺绣工艺）、手工印染（运用古老的扎染手法的布料制作裙装）。在结构上，类似东方式直线裁剪，自由松散，不以女性体型作为设计重点，通过棉、丝等不具硬性但较悬垂的面料使用达到飘逸、流动的效果（图 5-2-5）。另外以破、旧为特点的未完成效果也是嬉皮风格特征，尤其是在牛仔裤上的磨破和刷白处理，体现一种怀旧情感。

在具体款式上，肩部裸露，袖呈灯笼造型，腰间束带，面料松散外扩，腰节不在正常位置（胸下或臀上），裤口或裙身张开，裙长拖地（图 5-2-6）。嬉皮风格经典款式有宽松自然的罩衫、高腰系腰带睡袍式连衣裙、荷叶边迷你短裙、阿拉伯大袍式印花长裙、高腰阔腿牛仔裤等（图 5-2-7）。

从左到右：
图 5-2-2 带 70 年代服装造型的嬉皮风格设计，图为 Just Cavalli2008 年秋冬设计
图 5-2-3 呈长帐篷型的嬉皮女装
图 5-2-4 嬉皮风格女装设计，图为 Tom Ford2015 年秋冬作品
图 5-2-5 飘逸流动的嬉皮风格表现，图为 Zimmermann2015 年秋冬设计
图 5-2-6 Maxmara2001 年秋冬的嬉皮风格裙装设计

图 5-2-7　体现嬉皮风格的裙装设计　　图 5-2-8　系结表现，图为 Ungaro 1969 年设计的婚礼服　　图 5-2-9　流苏表现，Burberry Prorsum2015 年秋冬作品　　图 5-2-10　抽褶表现

抽带系结

抽带系法是嬉皮风格服饰的主要特征，在款式细节上以抽带系结形式将布料连接组合，如在领口、袖口、袖臂、后背、腰间、臀部等处的运用。过长的带子自然飘动，表现出无拘无束的感觉（图 5-2-8）。

流苏

具有阿拉伯和东方情调的流苏是嬉皮风格装饰手法，集中装饰在门襟、袖、裤边、下摆等部位以及鞋、靴、腰带、包、帽等配件上（图 5-2-9）。

图 5-2-11　典型的嬉皮风格色彩与图案

抽褶

源于东方服装的抽褶成为嬉皮风格服饰设计的手法之一，以细密褶裥为主，运用于领口、袖口、胸下、腰间、裙摆等处（图 5-2-10）。

4. 色彩（图 5-2-11）

色调斑斓丰富，都以四至五种色彩进行搭配。以纯度、明度较高的色彩为主，如嫩黄、紫、粉红、绿、天蓝等，白或黑作为辅助色穿插其间。也可以纯度、明度适中的色彩互相搭配穿插。

5. 图案（图 5-2-12）

图案设置很喧闹，花与花之间紧密排列，带有迷幻感觉，以碎花为主。图形大小相间，突出自然界的植物和动物纹样，如各类花朵、树枝、草丛、孔雀等，花型风格带有东方情调。其中从 Mary Quant 设计中借鉴的白色雏菊花成为嬉皮风格的标志（图 5-2-13）。

图 5-2-12　这是以锯齿图案著称的 Missoni 所表现的嬉皮风格设计

图 5-2-13　以花草作为纹样的设计

6. 材质（图 5-2-14）

嬉皮文化排斥工业社会所带来的成果，如人造纤维，他们热衷于天然产品，因此棉、麻、丝、毛等天然织物以及丝绒、钩编物是嬉皮风格的理想材质，其中麻类、丝绸适合于嬉皮风格服饰的运用。缎带、绳带被用于装饰系结中，各类串珠、亮片运用于点缀装饰之中。

7. 配件（图 5-2-15）

配件充满东方特色，主要来自印度和吉普赛人的服饰打扮，如楔形跟鞋、流苏靴子、流苏腰带、头箍、念珠、几乎长及地面的围巾、吉普赛风格包头巾、腰间系大块花布、脚链、大挎包等。

8. 发式

无论男女都长发披肩，凌乱的长发上缠上印第安风格的印花布条。受印度宗教文化的影响，女子在头上插着花朵，在脸上画有花纹，额头、眼眉和脸颊均贴有银色亮片，表现异国情调（图 5-2-16）。

三、嬉皮风格时装流行演变（图 5-2-17）

60 年代的嬉皮风潮至 70 年代，服饰来源不再局限于东方，世界各地部落的民族风情均有表现，如阿拉伯的大袍款式与印花图案。70 年代后期的异域风格流行与此紧密相关。90 年代末嬉皮风格在世界范围被重新演绎，称为新嬉皮风貌（neo-hippie look），在风格上，新嬉皮与旧嬉皮有着浅层的一脉相承联系，须边、喇叭裤脚、灰调的饰品、民族情调、刻意营造的自然味道、具 70 年代特色的上紧下松的造型都是新嬉皮风貌的表现。在深层意义上研究，可以发现，20 世纪末的新嬉皮追求服饰细节规整和考究，带有欢快的享乐主义意味，21 世纪流行的新浪漫主义风格与此有相应关系。相对于 60 年代嬉皮士衣着肮脏破落、放浪形骸，新嬉皮已经不是真正意义上的嬉皮了。

21 世纪初怀旧之风吹遍时尚界，时装设计注重面料的拼接和自然状态，特别强调细节和装饰，因此嬉皮风格获设计师的青睐，形成一股强大的嬉皮旋风。同时，与嬉皮风格相关的波希米亚、印度民族服饰等也相继登场。2001 年秋冬 Anna Sui、Miu Miu、John Galliano 等品牌的设计均以不同侧面流露出嬉皮的新形象（图 5-2-18）。2002 年和 2003 年时尚圈爆发强烈的波希米亚热，Balenciaga（图 5-2-19）、Celine、Lacroix、LV 和 Victor & Rolf 等都推出了相应的设计，这股风潮后演变为新浪漫主义风格，通过绣花、蕾丝、荷叶边等细节加强调装饰点缀，运用缤

图 5-2-15　源自于印度的红色丝质鞋

图 5-2-14　自然、飘逸的面料最适宜表现嬉皮风格，图为 Just Cavalli2008 年春夏作品

图 5-2-16　妆容

图 5-2-17　Gucci2008 年秋冬嬉皮风格设计

图 5-2-18　将军装元素与嬉皮风格相结合的设计，图为 John Galliano2001 年秋冬作品

图 5-2-19 Balenciaga2002 年春夏设计，设计师采用拼接手法表现

图 5-2-20 Victor & Rolf2003 年春夏嬉皮风格设计作品

图 5-2-21 Etro 2015 年秋冬表现波希米亚风情的设计作品

图 5-2-22 John Galliano2001 年秋冬设计

图 5-2-23 BCBG2007 年春夏设计

纷的五彩色凸现丰富层次（图 5-2-20）。在 60 年代年轻风格的持续影响下，2008 年春夏出现的嬉皮风表现得更轻盈活泼，并带有华丽感。由于昂贵的皮草被广泛运用，嬉皮风格表现得具有奢华感。

2014 年春夏起，随着复古风潮的兴起，嬉皮风再次成为时尚界的宠儿，与此相关的波希米亚风情也一并流行（图 5-2-21）。

四、嬉皮风格女装作品分析

1．嬉皮与军装的混搭设计（图 5-2-22）

混搭设计（Mix & Match）手法于 20 世纪 90 年代后期在时装界流行，这种思维脱胎于街头服饰搭配。英国设计师 John Galliano 深谙混搭设计之道，从 Masa 战士、印第安酋长、法国大革命事件、日本艺伎、30 年代的柏林，到各时代文化的元素都会被他融入设计中，经重新构思演变成新的时尚因子。这款 John Galliano2001 年秋冬设计完全体现出嬉皮风格，松软的款型、装饰点缀的流苏、大裙摆都呈现出慵懒的气息。John Galliano 在嬉皮的氛围中融入了军装风格，长统靴、红颈带显示了不一般的英武之气。

2．充满波希米亚情调的设计（图 5-2-23）

BCBG 虽然是一个地道的美国品牌，却弥漫着一股优雅、浪漫的波希米亚情调，从 BCBG 这一名称就能感受到品牌的风格，BCBG 是取自法文的原意"Bon Chic, Bon Genre" ——优雅的仪态与得体的款式。它更多体现的是松软廓型、流畅线条、丰富细节、多样色调。在 2007 年春夏发布中，尤其能感受到设计师 Max Azria 这种精致的美丽梦想。一袭白色的棉质镂空抽纱连身裙，延续品牌以往飘逸女人味的都会形象，不同的是更添了些许浪漫奔放的波西米亚的味道。依然是 Max Azria 钟爱的松身宽大造型，大 V 字领设计至胸线下，满布下摆处的传统镂空工艺与整体的浪漫氛围浑然一体，古老与现代融为一体。

3．带 70 年代特征的嬉皮风格设计（图 5-2-24）

法国品牌 Louis Viutton2002 年春夏设计充满着 70 年代特点的嬉皮风格，

图 5-2-24 Louis Viutton2002 年春夏设计

高腰束身衬衫、及踝圆筒裙、佩兹利纹样、纷繁的色彩……主设计师 Marc Jacobs 将他擅长的新浪漫情调呈现出来。这款设计廓型呈梯形，色调明亮悦目。具 70 年代特征的碎花束腰短上装以滚边装饰，腰节处的蝴蝶阐述着嬉皮精神。搭配的超长高腰裙装灵感来源于民间装束，全棉质料、佩兹利图案和丰富的色彩让人重温了 60 年代嬉皮运动。

4. 新嬉皮风格形象设计 (图 5-2-25)

美国华裔时装设计师 Anna Sui 擅长从各种艺术形态中寻找灵感，如 20 世纪 60 年代的嬉皮、摇滚风格、美国西部牛仔、民族民俗风都是她的灵感缪斯。在她 2001 年秋冬的系列作品中，Anna Sui 力推嬉皮风格，选用了手工织物，色彩艳丽，并通过一定的拼接工艺等手法，与皮革、针织物、毛皮等搭配，营造出一种清新、别具一格的新嬉皮形象，也让人们领略了一把新时代意义的服装风格。这款宽大的丝质裙装运用抽带形式在两袖形成设计细节，超长缎带与蓬松的裙裾诠释着嬉皮精神。搭配的裤装无疑是设计师所欲混搭的 70 年代元素。

5. 以拼接手法设计的嬉皮风格服饰 (图 5-2-26)

由于受 20 世纪末混搭（Mix & Match）的影响，21 世纪初，拼接设计手法逐渐在设计界兴起，运用这种手法使设计师能在一款设计中恰如其分将不同风格的材质巧妙融合在一起，从而创造独具特色的设计。2002 年春夏，Balenciaga 主设计师、法国人 Nicolas Ghesquière 的系列设计正是运用

图 5-2-25　Anna Sui2001 年秋冬设计　　图 5-2-26　Balenciaga 2002 年春夏设计

了拼接手法，作品将东方的印度元素、嬉皮文化与 Balenciaga 的品牌内涵有机结合。这款设计在图案安排上流露出东方服饰元素，设计师以几何形的马赛克色块进行拼接，采用嬉皮文化的常见色彩，表现出 60 年代活泼、欢快的气氛。

第三节　波普风格时装

一、波普风格产生的相关背景

波普艺术 (Pop Art)，又称"新写实主义"或"新达达主义"，20 世纪 50 年代中期诞生于英国，60 年代全盛于美国。

1952 年末，一群年轻的画家、雕塑家、建筑师和评论家聚集在伦敦当代艺术学院，围绕大众文化及其含义进行研讨，涉及电影、小说、广告、机械等，探索在艺术表现中以反传统美学的创作形式。1956 年，英国画家 Richard Hamilton（汉密尔顿）在《这就是明天》展览上展出了他的一幅小型拼贴画《究竟是什么使得今天的家庭如此不同？如此具有魅力？》，这

是第一幅波普艺术作品。波普艺术这一术语是由英国艺术评论家 Lawrence Alloway（劳伦斯·阿洛威）于 1954 年在出版的《建筑文摘》中率先提出，是对大众宣传媒介（广告文化）所创造出来的"大众艺术"的简称。汉密尔顿将它概括为"短暂的、流行的、可消费的、低成本的、大量生产的、有创意的、性感的、迷人的以及大商业的"（图 5-3-1-1 ～图 5-3-1-3）。

1. 波普艺术的表现

波普艺术诞生在西方工业化、商品化高度发展的年代，波普艺术家推崇消费主义，崇尚物质，同时对日常生活极其重视，主张以平常人的心态观察生活，

图 5-3-1-1 ~ 图 5-3-1-3　60 年代生活用品图案

挖掘人们熟知的人和事。波普艺术反对抽象主义过于严谨和沉稳，提倡艺术回归日常生活和通俗文化。

　　图形是波普风格的主要表现，设计师从音乐、电影、绘画、各类街头文化甚至政治人物中汲取灵感，以线条、色彩或照片的形式表现。波普艺术家在创作时不是用常规的颜料，而是选取日常生活中看得见摸得着的材质，在创作中往往运用写实手法对可乐罐头、啤酒瓶、美元等日常生活中常见的东西进行放大、重复或剥离，并以新的手法创作，从而产生新的视觉形象。艺术家的这种创作方式使波普艺术在一般大众中有较高的认知度，成为名副其实的大众艺术。在英国知名波普艺术家 Peter Blake（彼得·布莱克）的作品中，摇滚歌星 Elvis Presley（艾尔维斯·普莱斯列）、甲壳虫乐队、美人像均成为他的创作题材，他以严肃认真的态度赋予这些内容以新的内涵，使作品兼具幽默感（图 5-3-2）。

　　美国最负盛名的波普艺术家 Andy Warhol(安迪·沃霍尔) 的创作元素涵盖了日常用品(罐头、饮料瓶、商标等)、明星和政治家（玛丽莲·梦露、肯尼迪等)、各类新闻报刊杂志图片，其中《玛丽莲·梦露》(图 5-3-3) 和《绿色的可口可乐瓶子》是他最具影响力的作品。1962 年，他还放弃传统作画方式，将商业上的照相凸版印刷技术、丝网印刷技术运用到绘画上。另一位重要的波普艺术家是美国画家 Robert Rauschenberg（罗勃特·劳申勃格），他 1955 年创作的画作中出现了与题材相关的实物拼贴，如照片、印刷品、报纸等。劳申勃格的绘画实验扩展了绘画构思空间，创造了一种由非永久性材质、主题和表现技法的统一，正如他所说："我的艺术与生活是息息相关的，而和艺术本身却全然无关。"

2. 波普艺术的衍生物——几何线图形 (图 5-3-4)

　　盛行于 1963 年至 1966 年之间的欧普艺术（Op

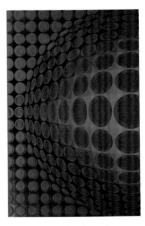

图 5-3-2　安迪·沃霍尔画作《美元》　　图 5-3-3　安迪·沃霍尔 1962 年所作的《玛丽莲双连画》　　图 5-3-4　欧普艺术图形

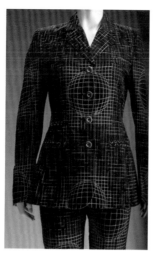

图 5-3-5　YSL 的"蒙德里安裙"主题设计

图 5-3-6　运用欧普艺术图形所作的设计

图 5-3-7　20 世纪 60 年代 Emilio Pucci 所作的设计

图 5-3-8　Emilio Pucci2008 年秋冬作品

Art）又称"视觉艺术"或"光效应艺术"，也是几何线图形表现的一个方面。欧普艺术是建筑在视觉系统的物理性反应上的一种艺术形式，运用直线、曲线、圆形、三角形、弧线、格纹、点纹、斑马纹、水波纹、七巧板纹和古典方格等形态组成非常有规律性的形态组合，以对比极强的黑白色彩传递图形变化，在画面上形成简单化、机械化、超理性化的视觉效果。在视觉上它通过图形和色彩产生流动感，进而达到形与色光的运动感和视觉错乱，作品带有强烈的视觉冲击效果。

几何线图形是 60 年代波普艺术的衍生物，波普艺术大师 Andy Warhol 创作了以日常用品为主题的艺术品，他的作品以几何曲线居多，使你耳目一新。1965 年，YSL 取自荷兰风格派抽象画家 Piet Mondrian（蒙德里安）作品的"蒙德里安裙"设计，采用红、黄、蓝、白为主色块，以黑线间隔，极富视觉冲击（图 5-3-5）。同时期 Pierre Cardin 的设计也是带强烈的几何线形式，但与 YSL 不同，Cardin 的设计外型简洁，款式以几何线分割。他利用不同面料的弧线、圆形纹样，领子的翻折线、衣下摆或门襟处的直线、弧线以及明缉线等各种几何形平面构成形式，在服装上造成几何形的切割线，带来新的视觉效果，使服装的变化更加灵活丰富。

欧普风貌女装设计是基于对视觉的反映，因此在构思上更依赖于服装面料图案（图 5-3-6）。

3. 色彩艺术家 Emilio Pucci（图 5-3-7）

劳申勃格于 1961 年说过，"我们没有理由不把这个世界看成是一张奇大无比的画"。在时装界同样有一位"画家"，他的作品以眩目耀眼的印花图案面料在时装界独树一帜，其设计成为波普风格在时装界的重要表现，这就是意大利设计师 Emilio Pucci。

Emilio Pucci 被誉为时装设计界最伟大的色彩艺术家，他对色彩有强烈的直觉，他酷爱缤纷斑斓的色彩，其配色方法出人意料且具时尚意念。他大胆地融合了各种颜色，表现出的却是细致而单纯效果，如只有在大自然才能见的水蓝、鸢尾花的淡紫，核果的棕绿和风信子的粉红。Emilio Pucci 的作品有的如地中海沿岸的绮丽景色，有的似热带雨林地带的异国风情，还有的像梦中的乡村田野。他设计的丝质印花紧身裤，色块分布夸张，似琉璃彩绘，成为 Emilio Pucci 品牌的代表作（图 5-3-8）。

Emilio Pucci 所设计的面料图案，灵感来源包括文艺复兴的图案艺术、中古世纪手工艺术以及动物、植物和抽象的几何图形，许多图形都是手工绘制在面料上的。

二、波普风格时装设计解析

1. 风格（图 5-3-9）

波普风格女装设计主要体现在图形，通过图形的色彩、造型的变化，形成对比强烈的视觉冲击力，产生夸张、奇特的表现效果。同时在图形运用上又体现出一定的轻松幽默感。

2. 造型 (图 5-3-10)

波普风格较削弱服装廓型，不强调腰身结构和曲线线条。常用造型有直身结构的A型、筒型、茧型、帐篷型等，轮廓简单明了。

3. 款式 (图 5-3-11)

波普风格女装款式基本上延续了20世纪60年代女装的总体感觉，设计简洁，结构对称，装饰少，细节少。领口、肩部、胸线上和裙下摆有一定的设计，而在其它部位以波普风格图形面料展现，利用图形形式来刺激人的视神经，给人以一种视觉美感和体验。如1965年美国设计师Betsey Johnson曾以透明塑料、金属材质或传单纸设计了印有波谱图像的迷你裙。裙装是波普风格主要形式，其中直身连衣短裙、无袖背心裙是常见款式。领型以一字领、大圆领、立领为主。袖型以无袖居多，装袖结构也是常见形式，此外还有直线裁剪宽大袖窿。

4. 色彩 (图 5-3-12)

波普风格强调视觉的冲击，最主要的反映是色彩之间搭配，这是波普风格的经典所在。体现在以下三个方面：

①高纯度色彩和无彩色的黑白灰的搭配，高纯度色彩组合以无彩色（尤其是黑色）间隔，如玫瑰、宝蓝、黄色色块与黑线组合。

②高纯度色彩（甚至对比色）之间的搭配，色彩与色彩之间进行直接拼接与碰撞，如蓝与黄、红与绿等。

③无彩色之间的搭配，尤其是黑色与白色，对比效果异常出奇。

5. 图案 (图 5-3-13)

除了色彩，图案是波普风格表现的另一重要方向，以具象和抽象两种形式表现出趣味性。图案类型包括：

①各类通俗易懂、直观明了的图形，包括广告、商标、文字或动物等，如可口可乐、爱心造型、美元、蝎子等图形（图5-3-14）。

②高知名度的政治人物、影星、时尚人物照片。

图 5-3-9　Castelbajac 的 2009 秋冬设计将美国总统奥巴马的头像印在裙装上

图 5-3-10　茧形设计

图 5-3-11　1966 年以广告纸所作的设计

图 5-3-12　波普风格在配色上强调视觉的冲击力

图 5-3-13　Jean-Charles de Castelbajac 设计的明信片外套

图 5-3-14　图形运用

图 5-3-15　YSL1967 年设计的人体裙

图 5-3-16　Dior1967 年设计的塑料鞋

图 5-3-17　造型可爱、色彩鲜亮的太阳镜

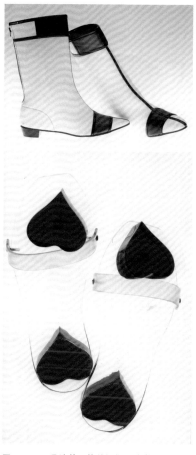

图 5-3-18　具波普风格的短靴和凉鞋

③字迹、卡通画、涂鸦、人物造型等，体现出随意、调侃、趣味等特点（图 5-3-15）。

④点纹、条纹和格纹图案，这是常用图案，图形较小。

⑤具抽象感和不规则形式的线条和图形，如卷曲纹、螺旋纹，整体上能产生流动的视觉效果。

⑥具象的几何图形，纹样简单，图形相对较大，视觉冲击力强，包括马戏团小丑服上大菱格。

6. 材质（图 5-3-16）

注重面料表面的光滑和流动效果，其中塑料是波普艺术最佳材质，安迪·沃霍尔曾说："我爱塑料，我想成为塑料"。此外缎料、纱、薄形人造皮革、涂层织物、硅树脂、尼龙以及金属制品等均常用于服装和附件设计中。

7. 配饰（图 5-3-17）

波普风格配件造型夸张可爱，如大太阳镜、动物胸针等。配合小 A 短裙的 7 分或 9 分裤袜以印花图案出现在波普风格女装中（图 5-3-18）。

三、波普风格时装流行演变（图 5-3-19）

20 世纪 60 年代属于时装界第一波的波普浪潮，女装设计更多体现在对色彩和几何图形重视上，如大量选用鲜艳色调、造型各异的几何图案等。由欧普艺术带动了对服装图案视觉的关注，在 70 年代逐渐发展成更为流动的效果，色彩也不仅仅局限于黑白。90 年代，备受钟爱的波普风格风云再起，成为激发 90 年代时尚的流行动力，这是第二波波普浪潮。此时设计师将人像大量运用于女装中。1998 年设计师 Stephen Sprouse 以安迪·沃霍尔一系列作品包括他的头像为原创，放大印在松身连衣裙上（图 5-3-20）。

在 21 世纪波普风格继续受宠，这是新一轮波普浪潮，设计手法趋于多样性。在风格上与其它具前卫观念的街头文化充分融合，如 2001 年秋冬 Dior 作品出现了波普风格与街头元素混融的设计，眩目

图 5-3-19　运用欧普艺术风格图形，体现狂野性感的设计，图为 Roberto Cavalli2005 年春夏作品

图 5-3-20　图为 Stephen Sprouse 设计的 Andy Warhol 裙

图 5-3-21　Chanel2001 年秋冬的波普风格作品

的色彩加上复古的情调重新占领了市场。同一季节，Chanel 设计总监 Lagerfeld 巧妙地将 Coco Chanel 人像放置在设计中，将波普手法与品牌风格有机结合（图 5-3-21）。2003 年秋冬 McQueen 灵感来自古蒙古和西藏的宽大袍服设计运用了波普风格图案。2006 年作为 60 年代风格流行一部分，波普风格持续升温，各类几何图形不仅占据了裙装、T恤、外套，而且挎包、眼镜、鞋、围巾等也成了波普的天下。2007 年是安迪·沃霍尔逝世 20 周年（1928—1987 年），设计师均推出了波普风格设计，如美国华裔 Anna Sui 在作品中巧妙地融入波普元素（图 5-3-22）。在设计师的推波助澜下，波普时尚达到高潮，并延续至 2008 年。其间桃红、芥末黄等鲜嫩色彩均成为流行色，此外耀眼的霓虹色也不时出现。

图 5-3-22　Anna Sui2007 年秋冬设计的一款，趣味图形打上了波普烙印

四、波普风格时装作品分析

1．融合民族风情的波普风格设计（图 5-3-23）

意大利品牌 Etro 在 2007 年春夏系列中演绎了 20 世纪 60 年代轻快和跳跃的波普风格，以简单的几何色块拼接，运用不同的比例和直线裁切的形状进行组合。设计中民族风情持续闪耀，颇具东方特色的花纹图案民族元素、不同种面料制成的无领四分之三袖长小短装、折裥短裙、衬衫式外衣和开偏襟短马甲等竞相登场。设计师 Veronica Etro 以哑光缎面布料及轻薄纺纱的运用，将服装徘徊于民俗与奢华之间，做得恰到好处。这款无领中袖短外套配具 20 世纪 60 年代风格的迷你小 A 短裙，设计师以独具东方特点的平面剪裁、无腰身的线条等细节处理，使服装充满异域风情的浪漫气息，同时宽松舒适款型兼具可穿性。设计师运用繁简、深浅、纯度等对比手法使上下、内外之间形成节奏感，面料图案以波普风格的几何图形组成，黑白色小圆点与大块的菱形组合，营造出别样的活力与朝气。

2．体现欧普图形的设计（图 5-3-24）

擅长色彩游戏的印度裔设计师 Manish Arora 在 2007 年秋冬中玩起了无彩色，设计灵感除了抽象艺术外，还加入了同样是 60 年代风格之一的

图 5-3-23　Etro2007 年春夏设计

图 5-3-24　Manish Aror2007 年秋
冬设计

图 5-3-25　Anna Sui2007 年
秋冬设计

图 5-3-26　Jeremy Scott2006 年
秋冬设计

图 5-3-27　Rick Owens2008 年春
夏设计

欧普艺术绘画，利用几何图形和色彩产生的奇特的视幻效果。这款超短连衣裙设计款式简洁，充满 60 年代情调。面料选用了具飘逸感的印度传统丝质面料，整款的欧普图案在视觉上颇具冲击力，却又收放有度，其间穿插了纯色小精灵。设计师不是单纯拷贝欧普风格图形，而是融入了更多的民族元素，衣身和裤袜图形均带有一丝图腾意味。加上同类图案风格的彩色妆容以及黑色长统靴，顿显灵气，使人置身于异度空间。

3. 波普风格的异样表现 (图 5-3-25)

被评论界称为"时尚界的魔法师"的美国华裔时装设计师 Anna Sui 擅长从各种艺术形态中寻找灵感，其设计灵感总是那么活跃，永无止境。20 世纪 60 年代的嬉皮、摇滚风格、美国西部牛仔、民族民俗风都是她作品的灵感来源。她在 2007 年秋冬纽约的时装发布会上有许多充满贵族气的时装，她参考了 20 世纪 60 年代波普设计大师安迪·沃霍尔及一些商业艺术家作品，把各式各样花哨无比的窗帘布印花运用在洋装设计上，在她擅长的丝质软缎娃娃洋装上面，可以看见一些熟悉的生活家饰品图案——蝴蝶、挂穗，还有许多精致的雕花设计，从中可窥见波普艺术对她的影响。图 3-2-25 中的这款套衫加娃娃式连身裙完全呈现出波普影子，采用 60 年代流行的雏菊花型，以棕红色为主调，裙摆两层挂穗装饰与 Andy Warhol 的绘画理念如出一辙。

4. 波普艺术手法的设计体现 (图 5-3-26)

美国设计师 Jeremy Scott 如同前辈艺术家安迪·沃霍尔，擅长奇思妙想，不按理出牌，即使以优雅古典作为灵感，也会在世故的款式上搭配极为休闲的配件，犹如优雅的正装搭配球鞋、蕾丝上衣搭配牛仔

紧身裤。他的作品表现出太多的关于情感、思想和社会的思考，子弹、枪、螺旋桨、融化的冰激凌、秀色可餐的快餐、背负弹夹的小猪等都可成为设计题材。这款 2006 年秋冬裙装设计借鉴波普艺术手法来体现，设计师以写实的手法通过服装语言表现，虽嫌过于具体，然不失诙谐。跳跃的色彩是 Jeremy Scott 的标志，明黄、大红、橘色和草绿经设计师的精心布置也不显艳俗。类似碎格拼接而成的图案鲜亮醒目，犹如置身于快餐店。不同材质、不同图案的条状布条拼接在一起，由一块大面积的红色背心将其调合在一起，使模特形象生动活泼，充满活力。

5. 以图形突出视觉流动效果的设计 (图 5-3-27)

美国设计师 Rick Owens 的设计注重剪裁结构，以布料的悬垂斜裁结合复杂的剪裁技艺，创造出复杂多变的造型。Rick Owens2008 年春夏设计以轻盈的造型为主，裙衫犹如蚕蛹层层裹缠，设计师在作品中尝试结合体积感创作。这一季铺天盖地的是黑白灰的间隔条纹，用斜拉、回旋、羽化或者扩散效果表现的条纹，造型有生硬的袖管，烟囱状的领子直接顺着颈项的线条盖过肩胛，呈现生动的茧形外观。浅淡灰色调的缤纷色彩与轻柔的面料组合成云朵般的衣衫，像个童话的世界。这款设计强调领部和肩部线条，造型松软，具浓烈的现代感。带 60 年代欧普风格的图形是设计重点，条纹占据整款服装，设计师通过粗细、方向不同的条纹组合产生流动的视觉效果，上装部分粗实条纹间距较宽，与密集的细条纹形成视觉反差。层叠的手法让柔软的布料呈现更轻盈的面貌，黑色的底布在薄纱的笼罩下隐隐绰绰。

第四节　太空风格时装

一、太空风格产生的相关背景

　　20世纪50年代末人类进入了太空时代，1957年10月4日，苏联发射了人造卫星，吹响了人类进军太空的号角。1961年4月苏联宇航员加加林乘坐"东方1号"宇宙飞船进入太空，完成人类历史上首次载人宇宙飞行。紧接着1969年7月20日，美国宇航员阿姆斯特朗和奥尔德林乘"阿波罗11号"宇宙飞船首次成功登上月球（图5-4-1）。

　　一系列的太空探索激发了各界的极大兴趣，一批科幻电影、绘画以及时尚产品相继出现。在时装界法国设计师André Courrèges率先于1964年发布了"月球女孩"系列，短小上装配A字型超短裙，采用直线型裁剪，款式简洁，面料以塑料制品和金属制品为主，配上白色塑胶的靴子、头盔、假发，极具太空感觉。1969年，Courrèges又设计了第二组他称之为"未来时装"的系列作品，掺入了一些运动风格，如用针织面料制作的紧身裤和连身裤，贴体并适合运动。另外Pierre Cardin也以树脂、银色材质设计了极具太空感的时装（图5-4-2）。紧身超短裙、统靴、头盔成为太空风貌的基本元素，这些装扮成同手同脚行走的机器人形象设计在当时风行一时。西班牙裔设计师Paco Rabanne则更具先锋和前卫意识，他于1967年首先在材质上着手，采用了塑料、金属、瓦楞纸等非常规材质设计了实验性的时装，塑造了未来主义战士形象（图5-4-3）。

二、太空风格时装设计解析（图5-4-4）

1. 风格

　　在款式和细节处理上，太空风格带有中性倾向，这种中性感超越了男女范畴，是外化的性别，给人以想像的空间，事实上从20世纪60年代Courrèges（图5-4-5）设计的太空风格服装到2007年Hussein Chalayan带未来主义色彩的设计均呈现中性的感觉。

　　太空风格服装在设计上必然具有前卫性。太空风格服装灵感来自于星球太空，与

图5-4-1　人类首次登月成功

图5-4-2　1967年Pierre Cardin设计的"太空风格"作品

图5-4-4　带外太空感的女装，图为Fendi2005年春夏作品

图5-4-5　André Courrèges设计的太空风格服装

图5-4-3　Rabanne 1967年具未来感的前卫设计

图 5-4-6　箱型造型的太空风格服装　　图 5-4-7　伴有未来主义倾向的迷你裙　　图 5-4-8　Paco Rabanne1967 年以铝制光盘制成的裙装　　图 5-4-9　意大利设计师 Gattinoni2002 年春夏带有未来主义倾向的设计

常规设计构思不同，无论在造型、款式、色彩、材质，还是配件等方面太空风格表现均与传统设计思维大相径庭。

2. 造型 (图 5-4-6)

太空风格外形强调简练，无视女性曲线体形。造型主要为茧型、箱型、A 型、气球型等。

3. 款式

总体上，太空风格女装设计脱离了现实的审美思考，突出了时空错落感和虚幻效果，设计灵感与太空、星球联系在一起，具体包括太空舱、宇航服、机器人、天文星座、ET 外星人等元素，塑造强悍和刚性的气质。

受 60 年代潮流的影响，太空风格款式简洁，基本忽略细节。设计注重块面分割，以直线和几何线条为主，上身以体现体块结构为主，下装包括直身裤装、短裙，如线条洗练的短茄克、连身短裙和套装配短裙以及灵感来源于宇航员的装备的连体服(图 5-4-7)。

在零部件处理上忽略细节、注重整体，无论领子、袖子或口袋都以简洁的造型体现，甚至选用的钮扣造型也不例外。

4. 色彩 (图 5-4-8)

象征银河飘渺虚幻感的金色和银色是表现太空风格的主要色彩，银色还是 60 年代的流行主色。此外无彩色也很适合，由于有黑洞现象，黑、白、灰的搭配能让人与宇宙联想在一起。

2007 年未来主义风格的流行色彩依旧是具高科技感的金色、银色，其中银色在 2006 年和 2007 年一直占据主流，各类上衣、裙装、手袋、鞋、眼镜等，

图 5-4-10　Pierre Cardin1969 年设计的太空风格服装，采用流线形图案　　图 5-4-11　具金属质感的高科技材质，图为 Burberry2007 年春夏设计

甚至妆容、指甲、发色都被染上银色。此外还有大量适合表现宇宙太空感、具有金银等表面光泽效果的各种色彩（图 5-4-9)。

5. 图案

主要是太空宇宙图案，包括太阳系行星（地球、火星、土星等）、宇宙生命、天文星座、飞蝶、太空船等，图案造型带有相当的想象力。此外带抽象形式的各类图形也能充分表现太空效果和外太空感(图 5-4-10)。

6. 材质 (图 5-4-11)

在表现灵感主要来源于宇航员和太空的设计时，传统的棉麻丝毛面料在风格塑造上显得格格不入，而 PU 革、金属片、塑料、尼龙丝、涂层面料等具有冰冷、神秘感觉面料最适合太空风格表现。此外也包括追求

表面光泽效果的材质，如 PVC、树脂、聚酯等高科技面料（图 5-4-12）。

21 世纪未来主义风格在面料上更多运用工业机械质感材质，设计师对于高科技面料进行更多的尝试，如漆皮、闪亮尼龙丝、金属质感光缎、PVC 塑料片等，甚至包括金属。1966 年，Paco Rabanne 曾以铝片拼接成连衣裙（图 5-4-13），而 2007 年 Hussein Chalayan 的设计构思与 Paco Rabanne 相仿，但是采用具高科技水准的电路板。

7. 配饰（图 5-4-14）

金属质感、透视效果饰品能完美体现太空感，如装饰用的金属拉链、挂件、头盔等。造型强调夸张和整体，体积大甚至是巨大，如大眼镜、宽腰带、硕大头饰等。为配合太空风格，高统靴、长手套成为其表现的主要配件（图 5-4-15）。

2007 年流行的未来风格舍弃了 60 年代太空风格的笨重头盔，呈现出轻盈感，如金属材质制成的领带、有机玻璃手镯、项链等。此外具透视感的塑胶材质被广泛用于鞋、包、挂件等。

三、太空风格时装流行演变（图 5-4-16）

20 世纪 60 年代的太空风格在 70 年代曾短暂消失，80 年代随着电脑和人工智能的飞速发展，设计师将太空风格再一次带回时尚界，他们尝试电子和迷幻音乐对大脑、思想、灵感的影响，设计以太空元素来表现女人性感的特质。90 年代太空风格曾间或流行，整体带有简约主义的色彩。1991 年秋冬，法国设计师 Thierry Mugler 以各种高科技合成纤维高弹力织物、银白色调设计了具未来主义感觉的服装。

2007 年春夏太空风格再次大规模降临，众多设计师不约而同地迷恋上了 60 年代的太空风格，并将此演变为太空未来主义风潮，T 台上刮起了一股银色科幻旋风（图 5-4-17）。这股来自 20 世纪 60 年代的未来风潮融合了复古和摩登姿态，呈现出新纪元的未来风格。除对工业和太空造型的借鉴，对于面料的尝试成为未来派设计师最热衷的游戏，闪亮的尼龙丝、金属质感的光缎、甚至铠甲、金属片，高科技的引入为质料表现带来了更多的

图 5-4-12　网眼布运用，图为 Fendi2007 年春夏设计　　图 5-4-13　1Paco Rabanne 966 年运用金属和塑料片设计的"太空风格"作品

图 5-4-14　造型奇特的帽饰，Pierre Cardin1966 年设计　　图 5-4-15　高统靴和长手套的运用

图 5-4-16　外太空意念表现，图为 Rick Owens2007 年春夏设计　　图 5-4-17　Fendi2007 年春夏的未来主义风格设计

图 5-4-18 Balenciaga 2007 年春夏作品　　图 5-4-19　Hussein Chalayan 2007 年春夏设计的带机械感的连衣裙　　图 5-4-20　Hussein Chalayan 2009 年秋冬带未来主义风格的设计　　图 5-4-21　Barbara Bui 2007 年春夏设计　　图 5-4-22　Balenciaga 2007 年春夏设计

可能性，添上了未来感十足的冷硬机械味道。法国品牌 Balenciaga 的 2007 年春夏系列中，设计的缀有金属片的长裤兼有《大都会》（1927 年科幻片）的 Evil Maria 和《星球大战》（1977 年科幻片）中 CP-30 的影子（图 5-4-18）。此外英国设计师 Hussein Chalayan 的带机械感的连衣裙（图 5-4-19）、Miu Miu 的尖角造型服装都具有太空机器人的痕迹，略显冰冷的线条勾勒出几分工业时代的机械图景，将人们的思绪拖曳到未来和太空的幻想中。

1969 年，库雷热将他设计的第二组服装称之为"未来时装"，而 21 世纪的未来主义与法国设计师 André Courreges、Pierre Cardin 所提出的未来主义存在显著区别。伴随着电脑、电玩游戏、手机的交错沟通，处于电子时代的人类世界已为这些高科技的产物所占领，如英国新锐设计师 Gareth Pugh 将 2007 年春夏的伦敦发布会打造成一个巨大的电子游戏场面。但对设计师而言，未来主义与 60 年代也有联系，是换种形式的复古，Hussein Chalayan 说："所谓'未来主义'本身就是一种复古。"（图 5-4-20）

四、太空风格时装作品分析

1. 展现 60 年代特点的太空风格表现（图 5-4-21）

法国设计师 Barbara Bui 2007 年春夏的作品，灵感来自由 20 世纪 60 年代的宇宙风貌延伸出的未来主义。20 世纪 60 年代对时尚界产生了极大的影响，从波普艺术到 2007 年春夏的未来主义风潮，充满创意的未来主义成为激情创新和怀旧复古的结晶。色彩上，银色未

来主义的摩登光芒，成为各设计师的首选，它不仅折射出 60 年代对未来的憧憬和臆想，也投射出人们在新纪元对于过去与未来的思考和关怀。映衬着未来主义的冷冽的银色带着一些漠然的气质冷冷地观望着现时世界的纷扰与繁冗，在服装上的应用更碰撞出了另一种属于身体的疏离和透彻；光亮、具有太空感的面料使用不仅增加了服装的前卫感，而且其低调内敛的质感也使服装摆脱了超现实的生硬，而看起来更加柔软光滑，结构分明；结构上，通过大面积的拉链进行的结构上的分割，加上短小的热裤款式都使设计师将想要表现的 60 年代未来主义风格得到淋漓尽致的诠释。

2. 带大工业时代机械质感的未来主义风格设计（图 5-4-22）

在法国品牌 Balenciaga 2007 年春夏系列中，设计师 Nicolas Ghesquerer 展现出他较独特的视角，他从精确的机械、汽车零件造型得到灵感设计了带高科技幻想感的女装。带垫肩的黑色茄克内穿白色高领太空人衬衫，下配紧身皮裤，略嫌冰冷的线条勾勒出几分大工业时代的机械质感，未来太空时代的幻想也从中牵扯出来。

3. 休闲与运动感结合的未来主义风格设计（图 5-4-23）

日本设计师 Jun Takahashi（高桥盾）为 Undercover 2007 年秋冬女装设计的主题思想是"反其道而行"，以毛料和针织等传统面料为主，融合了有高科技含量的闪光新型材质，呈现出一派未来太空的景象。这款俏皮有型的休闲设计针织和梭织料自然

衔接，上衣采用了较为修长的剪裁线条，不仅是身形，
而且让肩膀也呈现出自然流畅的线条。与门襟连裁的夸
张造型大立领是此套服装的出彩点，从利落简洁的线条
中依稀还能看到解构的痕迹。造型松身的短裙配以深黑
色毛料袜子，无声的诠释了 Takahashi 眼中无法透视的
神秘性感。银色肩包设计时尚新颖，既显现出未来感，
又具有功能性。咖啡色、银灰色和白色构成了整体色彩，
连同户外用的护耳，将 Undercover 的年轻气息和运动
时尚表露无疑。

4. 体现奢华感的未来主义风格设计（图 5-4-24）

豪华、性感、超现实、高科技是 2007 年意大利品牌
Versace 秋冬成衣系列的主题元素，它除了强调女性的一
贯妩媚之外，更为她们增添了结合现代奢华与未来优雅的
气质，而"木炭灰、镍币、钢材、珍珠、枪战和伦敦大雾"
是此次秋冬系列的具体表现。整个系列的色彩顺应 2007
年未来主义潮流，以带未来感的光谱灰色为灵感源，这
对于一向以奔放的风格和色彩缤纷的图案傲视时装界的
Versace 品牌而言是个非常具有挑战性的尝试。图 5-4-
24 中的这款连身曳地裙，Donatella 选用别致的木炭灰色
为主调，以具有未来感、顺滑的科技面料带出了足够的奢
华度和慑人心魄的恢弘气势。具体款式上，她那强调了腰
和臀的罩钟式的裁剪，完美地控制了腰身，裙长及脚踝，
顺着脚姿晃动，带出了女性的妩媚和妖冶。

5. 具高科技特征的未来主义风格设计（图 5-4-25）

英国设计师 Hussein Chalayan 的设计触角与众
不同，包括建筑和哲学法则、人类学的知识，因此
Huessin Chalayan 既是艺术家，又是社会学家。他的
设计也是另类的，如吹气裙、将咖啡桌反转做成木制裙
装、扶手椅转化成裙子、椅子变成旅行箱、金属饰物
装饰在礼服上等，几何或曲线的分割结构也是他的特
点。主题为"未来世界"的 2007 年春夏秀中，Huessin
Chalayan 将复古与未来科技结合在一起，重新解构了时
尚界疯狂推崇的复古风。他娴熟地解构礼服结构，以轻
柔的薄绸面料与刚性的金属材料随意拼接，让复古元素
以未来感的方式呈现，设计出可伸展、可悬垂的高腰裙
片，对高科技的运用让人叹服。这款具复古结构的高腰
连身裙采用铠甲式的宽肩结构，下身以电路板的效果块
状相连，造型怪异的圆顶帽更是使整款服装增添出属于
21 世纪的时尚感。色彩以无彩色的黑、白以及浅灰为主，
加上带发光色彩的选用，Huessin Chalayan 营造出他心
目中的未来世界，并以一种简洁的设计方式传达其复杂
的思维想像。

图 5-4-23
Undercover2007
年秋冬设计

图 5-4-24
Versace2007 年
秋冬设计

图 5-4-25
Hussein Chalayan
2007 年春夏设计

第五节　摇滚风格时装

一、摇滚风格产生的相关背景

20 世纪 60 年代的社会充满着动荡，音乐由于其独特的内涵而成为那个年代青年心灵安抚的港湾，摇滚乐以其具震撼力的表达、现实性的词语所向披靡。

50 年代摇滚音乐首先在美国兴起，早期带摇摆感的节奏融入了美国乡村音乐、节奏布鲁斯和波普三种音乐风格，"猫王"艾尔维斯·普莱斯列无疑是当时最著名的摇滚乐灵魂歌手，这位来自美国南方乡村的白人小伙子在孟菲斯唱着黑人灵魂乐和 R&B，两种不同肤色的流行音乐被他完美融合在一起，他那具磁性嗓音和性感的摆臀动作将摇滚乐带入到出神入化的地步，引来大批狂热的歌迷。《摇滚》杂志评论道："孟菲斯的录音棚看上去跟以前没什么区别，但 1954 年 7 月 5 日，摇滚音乐就在这里诞生"（《新民生》2007 年 4 月 P16）

60 年代，摇滚乐波及英国，通过歌手约翰·列侬、滚石乐队，尤其是"甲壳虫"乐队的推波助澜，一场铺天盖地的文化运动在欧洲上演。摇滚乐不再只卖唱片，它的附带产品还有迷你裙、发胶、短靴、皮茄克、摩托车等，整个社会仿佛被注入了时代的兴奋剂，陷入一场空前的动荡，他们向一切传统的观念宣战。

摇滚乐来自社会底层，具有反政府、反社会的颓废意味，是年轻人追求个人自由、发泄主观精神世界的产物。

1. 摇滚歌星服饰

摇滚乐歌手大多是男性，他们崇尚具有反社会意味的黑色，紧身黑皮装成为摇滚乐的象征。艾尔维斯·普莱斯列演出服较为典型，他身穿硬朗的黑色皮革短装，内着白色 T 恤，配上紧腿裤、长统靴，手抱吉他，大幅扭动身躯边弹边唱，这一形象成为"猫王"的标志，并为年轻人所效仿。

大胆出奇也是摇滚服饰特点，1969 年，摇滚乐队（Rolling Stone）主唱麦克·贾格尔（Mick Jagger）曾在舞台上以裤子外套一件白色蝉翼纱裙服演唱，这一形象向传统男女装审美界限提出挑战。性枪手（Sex Pistols）乐手着装也将朋克服饰特征运用于演出服中。1973 年至 1975 年，以有"摇滚变色龙"之称的大卫·鲍伊（David Bowie）为代表的华丽摇滚（glam rock）兴起，服饰和化妆融入了 50 年代的夸张造型和 20 年代的浓妆效果，加上奢华的毛皮，其绚烂而华丽的服饰打扮兼有阴柔和帅气，配合夸张地发型和化妆，展现出带有女性味的中性形象，引发摇滚乐坛和时尚界的震动（图 5-5-1）。

摇滚歌星的着装极大地影响了年轻人的审美取向，开拓了时尚空间，对六七十年代街头前卫服饰的发展起着推波助澜的作用。

2. 甲壳虫乐队（图 5-5-2）

继 50 年代"猫王"大红大紫之后，60 年代摇滚世界成为甲壳虫乐队的天下。1962 年这个来自英国利物浦的乐队第一张单曲《爱我吧》就成为英国流行乐的新宠，问世后即打入单曲排行榜首位，之后多首单曲

图 5-5-1　化浓妆、着厚底鞋、穿迷幻般亮闪图形的 David Bowie

图 5-5-2　甲壳虫乐队成员

图 5-5-3 摇滚风格集年轻、活泼、激情、中性于一体，图为 Ferre2007 年秋冬设计

图 5-5-4 紧身廓型表现

图 5-5-5 1978 年法国 "*Marie Claie*" 登载的摇滚服饰

横扫流行乐坛，年轻人对甲壳虫乐队的喜爱达到了如痴如醉的地步。1964 年甲壳虫乐队在利物浦的演出吸引了超过 7300 万观众通过电视观看。

伴随着唱片的热销，甲壳虫乐队的着装也成为时尚风向标。甲壳虫乐队曾以嬉皮形象出现在舞台上，相比其他嬉皮士，甲壳虫乐队服饰较为简洁。他们的上装没有领子，黑色衣身紧窄合身，扣子扣到颈部，里面露出白色衬衫和深色剃刀式领带，发型较短呈草菇状，额前有刘海，脚蹬后来被誉为"Beatles 靴"的长筒皮靴。甲壳虫装束深受当时年轻一代的狂热般喜爱，他们带有日本学生风格的俊朗的青春形象也迅速蔓延，欧美青年竞相模仿。

图 5-5-6 华丽摇滚歌星 Gary Glitter 的打扮

二、摇滚风格时装设计解析

1. 风格 (图 5-5-3)

摇滚风格服饰具有强烈的金属质感，体现出厚重和刺激的碰撞感。服装造型和款式与传统审美大相径庭，设计强调一定的夸张效果，风格前卫大胆，变幻多样，融年轻、活泼、激情、中性于一体。

2. 造型 (图 5-5-4)

摇滚风格女装在廓型上借鉴摇滚歌星的着装理念，整体造型以紧身合体为主，肩部较突出，同时以收腰体现出人体曲线。

3. 款式 (图 5-5-5、图 5-5-6)

整体款式充分体现出紧凑、短小特点，上装以短茄克为主，肩部平挺硬朗，在胸、腰、臀等部位力求合体，下配细长紧身裤装，充分体现几分性感。腰线不在正常腰节，或高腰或低腰。如是裙装，以极短伞状裙为主，搭配黑色连裤袜和高跟漆皮长靴，形成质感对比。

具体细节设计不过于复杂，运用铆钉、链子点缀胸部、腰部、袖口、下摆等部位，以装饰手法表现出厚重效果。采用贴补、拼接、印染等手法，将设计元素与面料硬生生组合在一起，产生冲撞感，如外套、T 恤、牛仔裤上的印花"补丁"或涂鸦画面处理。此外在搭配上力求强烈对比，如不同材质、肌理、色彩的内外装和上下装，创造出独特的视觉冲击效果（图 5-5-7）。

图 5-5-7 铆钉装饰的紧身裤装，图为 Ferre2005 年春夏设计

图 5-5-8　紧身的短茄克

图 5-5-9　具有金属质感的色彩搭配，图为 Ferre2001 年秋冬设计

图 5-5-10　对比强烈的色彩搭配，图为 Valentino2006 年秋冬灵感来自于摇滚的设计作品

图 5-5-11　夸张的图案运用

具体款式中，摩托车骑士短茄克、皮短装、铅笔裙、热裤、翻边牛仔裤、迷你牛仔裙、背带短裙最能展现摇滚风格（图 5-5-8）。

4．色彩（图 5-5-9）

色彩搭配摈弃了常规的配色原则，突显出人意料的配色效果，呈现对比、跳跃的特点，以突显某一部分为目的，如帽、腰带、袜、手镯或服装款式某一部位等。具体运用中，在纯色之间、明亮色与灰暗色之间、纯色与黑色之间展开，如红与绿、金色与灰色、黄与黑。黑色、白色、金银色最具视觉冲击力，所以是摇滚风格服饰表现的主要色彩，此外还有各类鲜艳、耀眼的色彩（图 5-5-10）。

5．图案（图 5-5-11）

摇滚风格无特定的图案标志，能表达自我的各类印花图形都使用于它，如各类涂鸦艺术、抽象几何图形、格纹、带刺眼感的图形（如魔鬼、刀或骷髅）等。

6．材质（图 5-5-12）

硬朗、闪亮、能产生目眩感的光泽材料，如金属类的拉链、铆钉、链子、皮革类的牛皮、羊皮和漆皮，是摇滚风格的最佳材质。拉链、铆钉常用于腰带、鞋、靴或服装的开启和细节点缀装饰；链子作为装饰材料能恰到好处地将服装充满摇滚味，如在紧身连衣裙、各类裤装、茄克等点缀链子，极具现代感；皮革因其本身具有的特殊性而独具魅力，同时早期的摇滚歌星艾尔维斯·普莱斯列表演所穿皮茄克而将摇滚与皮装相联系。

牛仔布也是摇滚风格常用材质，尤其是经过了表面处理的牛仔布，如石磨、作旧、撕裂、破洞等形式。此外，透明纱、羽毛、毛皮等也是摇滚风格常用材质（图 5-5-13）。

7．配件

对于表现摇滚风格，造型各异的首饰、墨镜、金属臂饰、长及肘部的漆皮手套、宽大的皮质铆钉腰带、连裤袜、加厚底高跟鞋、长筒靴，外加夸张帽饰和染成五彩发色是必不可少的（图 5-5-14）。

三、摇滚风格时装流行演变（图 5-5-15）

作为街头文化表现的一部分，摇滚风格在 20 世纪 70 年代与朋克等亚文化充分融合在一起，服装更趋前卫和张扬。时装设计师开始关注摇滚这一奇特文化，并在作品中融入摇滚元素，设计体现出更多的中性成分，如英国设计师 Westwood 的朋克风格作品中大量穿插了摇滚设计元素。90 年代，尤其是 1995 年米兰春夏季时装舞台上摇滚装扮曾短暂流行，此时设计师注重将摇滚元素重新演绎，摇滚特征相对比较明显。

21 世纪，在混搭设计思潮的影响下，设计师纷纷将各种元素互为融合，摇滚作为设计构思一个主要方向而成为设计师关注的重点。意大利设计师 Ferre 惯于在设计中融入摇滚元素，以塑造带有中性风格形象，2001 年秋冬系列设计中以中世纪的骑士款式入手，在皮革材质上以亮闪的拉链、链子和链环作装饰，将古代与现代融为一体。美国华裔设计师 Anna

图 5-5-12 皮革是摇滚风格的主要面料　　图 5-5-13 毛皮和闪光面料的运用　　图 5-5-14 宽大的铆钉腰带运用　　图 5-5-15 灵感来自华丽摇滚的设计，图为 Gucci2006 年秋冬作品

Sui 同样是一位擅长将摇滚服饰作为一个设计元素融入自己的作品的设计师，她每季作品中都流露出摇滚元素，在她 2002 年秋冬设计中，将摇滚服饰与嬉皮、民俗等多种元素相结合，创造出一种全新的少女形象。

2006 年秋冬季摇滚再次成为时尚宠儿，设计师不约而同地将英国 70 年代摇滚巨星 David Bowie 性感妖冶中性服装为设计灵感，使设计充满了新世纪的性感和街头味。意大利品牌 Gucci 的设计系列有迷你连身裙和镶毛皮的亮闪金色晚礼装，演绎了性感摇滚风貌。John Galliano 为 Dior 系列中加入了一贯钟爱的华丽摇滚元素，模特披着放荡不羁的长发，身着皮质大衣（图 5-5-16）。意大利另一大牌 Valentino 的作品采用闪光材质，通过性感剪裁，运用 80 年代流行的涂鸦艺术作图案，产生华丽效果（图 5-5-17）。2006 年的这股风潮持续至 2008 年，但此时摇滚风格带有嬉皮元素，注重图案的装饰，整体呈现出松散的华丽感觉（图 5-5-18）。

图 5-5-16 带摇滚感觉的设计，图为 Dior2006 年秋冬作品　　图 5-5-17 Valentino2006 年秋冬灵感来自于摇滚的设计

四、摇滚风格时装作品分析

1. 随意性感摇滚风格表现（图 5-5-19）

法国设计师 Vanessa Bruno 每一季都会推出一些全新的款式，在线条、结构、颜色或是构想上作变化，她认为保持品牌的新鲜感是不可或缺的。在 Vanessa Bruno 2007 年秋冬系列的服装中，设计师的设计结合了性感与摇滚音乐的精髓。不爱唱高调的 Vanessa Bruno 服装在本季中以厚实的棉质和顺滑的丝绸为材质，特意凸显自然垂挂和随意褶皱的线条，展现轻松舒适的生活品味。这款设计看似简单，实则

图 5-5-18 融合摇滚和嬉皮元素的设计，图为 Gucci2008 年秋冬作品　　图 5-5-19 Vanessa Bruno2007 年秋冬设计

结构复杂，前胸衣片由领口自然蜿蜒分布，独特的剪裁为连衣裙注入了新的活力。搭配的黑色的紧身裤袜与短裙，活泼中带点不羁，性感外加摇滚的味道。

2. 表现摇滚奢华感的设计 (图 5-5-20)

意大利设计师 Gianfranco Ferre 的 2007 年秋冬新装系列，以雌雄同体的中性概念为总轴，从开场的西装裤套装、坚挺外套到白衬衫都可以看出其明显的设计概念。Gianfranco Ferre 从摇滚乐及 David Bowie、Mick Jagger、Iggy Pop 的黄金时期作品撷取灵感，创作出极具感染力的女人系列。此款毛领外套配紧身牛仔裤，帅气、干练又充满了华贵气息，这种新奇的搭配体现出 Gianfranco Ferre 的典型设计构思。牛仔裤绣花精致细腻，连同饰有金属链子的宽腰带成为整款设计的细节表现和视觉焦点。设计师运用性感的透明纱、粗犷的牛仔布、厚实的呢料、华丽的缎带等不同风格的材质组合，充分展示了摇滚与奢华的完美结合。

3. 朋克与摇滚相结合的设计 (图 5-5-21)

作为一名前卫的新生代设计师，英国的 John Richmond 对摇滚的疯狂热爱一直贯穿在他的创作中，结合精确的剪裁与丰富的街头灵感，塑造出华丽气派而又反叛不羁的形象。John Richmond 喜欢用水钻、流苏、蕾丝等华丽的元素来诠释自己的设计，无论男女装都极尽性感的风格，紧密地包裹和贴身的裁剪将穿着者身体的线条展现的更加彻底。2007 年春夏也不例外，他给模特涂上黑黑的眼线，穿上性感的内衣和表示妩媚的丝袜，将头发盘起使刘海低垂，制造出一种性感摇滚风。John Richmond 的设计有着华丽的外衣，黑色皮的材质和柔软面料相互搭配，珠饰材质和网纹丝袜的应用，使 John Richmond 的不羁性感与狂野时尚具有了几分高贵，就像是把玩重金属乐器的贵族们，在朋克与奢华之间游荡。这款透视装设计中，女性流行的长短搭配着装被 John Richmond 给予新的注解，上身皮衣与缠于腰间挂链的长短搭配，把服装原本井井有条的界限给予了打破。此外黑色薄纱、银色饰链及装饰挂件的搭配，将金属乐的感觉再一次展现。John Richmond 对于女装的性感元素的运用也是值得一提的，网纹丝袜的运用，和身体内部的 T 字裤的混搭，还有起于胸部的透明小短衫都把女性的性感完美地表现了出来，女性的柔美气质被 John Richmond 加上了极富金属个性的定义。

4. 夸张的华丽摇滚风格表现 (图 5-5-22)

伴随着 20 世纪 70 年代主题的复出，2013 年时装秋冬秀场中作为华丽摇滚代表的 David Bowie 再次成为设计师的灵感缪斯，法国品牌 Balmain 主设计师 Olivier Rousteing 将故事定格在 1979 年 David Bowie 所做的那场关于一千零一夜内容的演出，较之以往，设计师更强调夸张感。这款皮质裤套装宽肩造型突出了 70 年代特征，合体上装表面被裁成窄条后被精心编制成的几何图形装饰，或呈钻石形状的水晶装饰着绗缝，具有浮雕质感，而几何结构融合了 2013 年同时流行的迪考艺术风格。搭配马裤造型裤装，夸张的臀部结构衬托出沙漏线式蜂腰造型，极具视觉冲击力。整款眩闪的金色效果带有浓浓的 David Bowie 烙印。

图 5-5-20　Gianfranco Ferre 2007 年秋冬设计

图 5-5-21　John Richmond 2007 年春夏设计

图 5-5-22　Balmain 2013 年时装秋冬设计

第六章 20世纪70年代的时装风格

图 6-1-1 喇叭裤

图 6-1-2 1971年身着牛仔马甲和喇叭裤的伦敦女子

第一节 70年代风格时装

一、70年代风格产生的相关背景

20世纪70年代延续60年代活跃和开放思潮,性解放、同性恋等社会现象愈演愈烈。20世纪70年代,令人恐惧的越南战争结束了,60年代年轻人为之奋斗的乌托邦式梦想实现了,但70年代整个世界处在通货膨胀、失业率上升的形势下。与60年代那种欢快乐观精神不同,70年代的人们笼罩在忧郁和悲观情绪中,由石油危机而导致的经济不景气使人们多少对高贵奢华、过分强调女性魅力的时装产生抵触情绪,从而对服装的选择更侧重于功能性,因此简洁实用的裤套装迅速成为人们穿着的主要选择。同时受60年代嬉皮风潮余波影响,具有时尚调味品作用的异域风情左右着设计师的灵感,印度、阿拉伯、俄罗斯、东方等都是素材集中地,法国著名设计师YSL在1977年推出了著名的"中国"主题系列。在这十年中,职业女性逐渐增加,中性服饰正成为时尚的一大趋势。

1. 时尚多元化时代

70年代出现了众多健身俱乐部,年轻人热衷于户外跑步健身,紧身造型服装成为时尚,70年代紧身牛仔裤非常窄,以至于女孩只能躺着才能将拉链拉上。

这时期的男女装已渐露休闲风端倪,风格呈现多样性特征,造型呈上紧下松特点,街头服饰、牛仔裤、热裤、朋克装扮、运动风貌都深受年轻一代的欢迎。源于60年代的宽大喇叭裤、紧身短茄克及中性装扮等在70年代风靡世界。因越战而产生的军装风格也占据相当势头,出现了用粗犷的斜纹卡其布、灯芯绒制成的工装和裤子。70年代也流行源于社会底层的时尚,如臂饰、鬃毛状彩色鸡冠发型、穿孔(用别针、链子穿在鼻、耳、额、肚脐等处),此外,多层风貌、以世界各地民族服饰为设计灵感的民俗风格着装、影响80年代服装造型的沙漏式服装以及由迪斯科的世界性流行而带来的迷你、眩闪、活泼服饰风貌都曾出现。

在充满混乱迹象的70年代,人们对待时装的观念是我行我素,无论成衣还是高级女装,在穿着上不

图 6-1-3 既有60年代欢快,又有的70年代硬朗的女装,图为 Guy Laroche1971年秋冬作品

受时尚T台的影响,不受时尚法则的约束,这无形中助长了非主流服饰的盛行,如街头服饰、异域风情风格。

2. 喇叭裤(图6-1-1)

在20世纪50年代美国歌星"猫王"Elvis Presley的演出服中已有喇叭裤出现,但喇叭裤真正流行却在70年代。70年代初异国风情曾一度流行,设计师借鉴了中东阿拉伯地区的大袍和东方感觉的直线宽松造型设计了一系列款式,这些设计完全区别于西方传统的曲线合体形式,给当时的时装界带去了一缕清风。一些设计师热衷于服装廓型的改变,尺寸变得又宽又大,甚至将裤口变大,以至于脚腿像两只口袋,裤身呈喇叭造型(图6-1-2)。直至1975年才开始回复正常造型。

当时受海外电影的影响,70年代中期在我国大城市中也流行穿喇叭裤,搭配长头发和贴有商标的蛤蟆镜,由于穿着者多为一些充满叛逆性格的年轻人,所以喇叭裤在当时落下个不好的名声。

二、70年代风格时装设计解析

1. 风格(图6-1-3)

反时装是20世纪70年代风格女装设计观念,

图 6-1-4　细长的 70 年代风格女装造型　　图 6-1-5　呈长躯干造型的 70 年代女装　　图 6-1-6　典型的 70 年代女装　　图 6-1-7　短外衣和喇叭裤搭配

具体款式和穿着不受传统时装规范的约束，充斥着随意、自然和简朴。整体风格充满着矛盾，服装向两端发展，裙子、裤子或者非常短，以至形成极超短裙和热裤，延续了 60 年代的时尚；或者裙长及至脚底，脚口极宽，整体飘逸而具率性。服装的中性化趋向达到了前所未有的程度，"无性别装"在外观上看上去既适合男性又适合女性，裤子已经完全得到妇女的接受。总体上，70 年代风格女装呈现轻松、随性、简洁、夸张，并带有一丝硬朗感觉。

2. 造型（图 6—1—4）

由年轻风尚和中性形象带来的服装造型基本是上身紧身狭窄，下身至膝盖处向外展开，裤装、裙装造型似金字塔状。整体造型呈细长的长方形、长躯干体型等，重心向下沉（图 6-1-5）。

3. 款式（图 6—1—6）

受 60 年代年轻、整体感时尚的影响，70 年代女装款式注重廓型结构，设计简洁，上衣部分较短且很合体，以色彩图案、款式结构、搭配变化来表现。而在下身重点表现为造型体块，裤和裙的臀部紧裹，在膝盖处向外展开，裙摆、裤管尺寸宽大，并作适当装饰，如开口、拼接、缉线、折边、装饰荷叶边、刺绣等手法，同时以低腰结构伴随。裙长波动最终定在中长长度，在膝盖以下，甚至在脚踝附近，感觉下身较重。常见搭配有褶裥迷你裙配衬衫、宽松衬衫、短外衣配喇叭裤，大印花衬衫搭配宽口喇叭裤、牛仔裤（图 6—1—7）等。

针织衫

运用钩编工艺织成的针织套衫和开襟衫是 70 年代时尚重要一环，图案包括粗细不一的横条纹、锯齿纹，充满怀旧气息。

衬衫

款式造型各异，设计上借鉴了男装解构。带男性味的素色和印花衬衫，一般是直线裁剪，强调肩部。在穿着时将衣领高耸，袖子篷起（图 6-1-8）。

裤装

造型夸张的喇叭裤无疑是 70 年代的代表款式，它集中体现出年轻人叛逆和自由精神。喇叭裤低腰短裆，造型在腰部、臀部和大腿处呈合体状态，自膝盖以下渐渐呈伞状张开，至裤口最大化，脚口宽度远远大于膝盖尺寸，长度覆盖鞋面甚至拖地。肥大的裤脚极大夸大了裤身造型，使之具有强烈的直线感（图 6-1-9）。

瘦腿裤也是 70 年代风格表现之一，铅笔造型裤装搭配合体外套极大夸张了穿着者的细长感觉。

图 6-1-8　具 70 年代风格的衬衫设计　　图 6-1-9　1973 年由 Fernand Ledoux 设计的裤套装

图 6-1-10　Blugirl2007 年春夏设计的热裤 | 图 6-1-11　色彩柔和的搭配，图为 Etro2007 年春夏 70 年代风格设计 | 图 6-1-12　1973 年以松软的亚麻制成的套装 | 图 6-1-13　自然随意的 70 年代风格表现，图为 Ferre2008 年秋冬作品 | 图 6-1-14　带中性形象的 70 年代风格女装设计

牛仔喇叭裤是其中最引人注目的品种。不同于以前，70 年代的牛仔裤加入了诸多的时尚成分，除了造型上的喇叭状外，通常还有水洗、撕裂、磨旧、补丁、绣花、流苏等手法的运用，成为女性热衷的服饰品种。

由 60 年代超短裙升级而出的热裤、短裤是 70 年代主要单品，造型更短，并装饰金属附件而变得热力和摇滚（图 6-1-10）。

4.色彩（图 6-1-11）

70 年代越发浪漫和质朴，色彩缤纷，像万花筒似，诸多鲜亮色彩可以在同一块面料上相互碰撞。

5.图案

大小圆点、粗细条纹、各类大小花形图案是 70 年代风格女装的具体表现，题材来源于自然界。一般以深色为底，浅色为各类图形。

6.材质（图 6-1-12）

能表现飘逸、慵懒感觉的织物是主要面料，如真丝绸缎、人造棉、亚麻，搭配羊绒、貂皮等。此外70 年代常见的面料还有牛仔布，各类牛仔裤经褪色、磨破等处理取得与众不同的效果。

7.配饰

坡跟鞋、厚底高跟鞋最能体现 70 年代风格，鞋的底厚达 6 厘米，跟高 15 厘米。受嬉皮风格影响，60 年代末至 70 年代初，帽子作为前卫街头意识的表现成为流行，浣熊皮帽、墨西哥帽、旧式军盔、各类草帽和针织帽，也有类似印第安人在额头上绑根皮绳、串珠或刺绣的布条。受当时世界各地民俗风的影响，各类材质的围巾也是主要配饰之一，围裹长度甚至将至脚跟。

率性假睫毛是 70 年代的产物，电影《漂亮宝贝》中带假睫毛的女孩形象直接带动这一夸张时尚的流行。

三、70 年代风格时装流行演变（图 6-1-13）

线条简练、造型夸张的 70 年代风格影响了 80 年代时装发展，除了喇叭裤继续流行外，设计重心由下身移至肩部，外扩而挺直的肩线加强了体块感，呈现更为硬朗的女强人外观形象。在 90 年代，由 70 年代裤装发展而来的潮流已无可争辩地成为女性新时尚，设计师借鉴了 70 年代的时尚因子设计了款式各异的裤装。不同于 70 年代风格，90 年代裤装更能体现出具现代意识的极简成分和中性形象（图 6-1-14）。

2005 年和 2006 年巴黎和米兰秋冬时装舞台 70 年代风格浪潮连续登台，Burberry 借鉴 70 年代服饰风格，推出了狭长型风衣和破洞牛仔裤。2007 年流行的热裤源自 70 年代灵感，但造型不再紧窄平板，结合流行在臀部设计成夸张结构，更具体积感。款式上有平角、宽口和更短似泳装的热裤。2008 年春夏和秋冬系列，70 年代元素被许多设计师重新演绎，伴随着简洁的裙装、合体短裤和宽松裤装等设计（图 6-1-15），

图 6-1-15　JP Gaultier2008 年秋冬别致的裤装设计

图 6-1-16 Missoni 2008 年秋冬的 70 年代风格设计　　图 6-1-17 将 70 年代与 40 年代风格融为一体的 Gucci2013 年秋冬设计　　图 6-1-18 John Galliano2015 年秋冬为 Maison Margiela 作的首秀，作品将迪考艺术融入 70 年代风格中　　图 5-1-19 Etro 2008 年春夏设计　　图 5-1-20 Blugirl2007 年春夏设计　　图 5-1-21 John Richmond2007 年春夏设计

嬉皮风、异域风貌、华丽摇滚、浪漫风格等——融入其中，呈现 Mix & Match 特点（图 6-1-16）。

2010 年至 2015 年，70 年代风格持续发酵，Chloe 、Saint Laurent 、Emilio Pucci 、Marc Jacobs、Gucci 等均将设计目光聚焦于 70 年代。如 Gucci2013 年秋冬设计，设计师提取了 70 年代的造型、款式、线条等特征，但呈现出别样的 40 年代的时尚风情（图 6-1-17）。2015 年春夏和秋冬 T 台，70 年代结合诸如嬉皮、波西米亚、运动、摇滚、迪斯科、迪考艺术、军装，甚至 20 年代等各类元素纷纷登场，演绎着以 70 年代为主线贯穿其中的混搭时尚（图 6-1-18）。

四、70 年代风格时装作品分析

1. 体现波希米亚风情的 70 年代风格设计（图 6-1-19）

意大利品牌 Etro2008 年春夏设计追求的是 20 世纪 70 年代风格，并洋溢着浓浓的波希米亚风情，推出了修身剪裁为主，体现女性的性感优雅，如装饰钉的皮质马甲、喇叭形短裙等。在饰物上也是大做文章，大量流苏、刺绣装饰的腰带，细节的铺陈让 Etro 有时候略嫌奢华。不过总体来说，本季的作品既体现了这个季节的流行元素，如民族图案、紧身皮茄克等，而且设计讨巧，精致脱俗，令人欲罢不能。设计师 Veronica Etro 还是保持着她一贯的设计思路，将波希米亚风格和 70 年代风格巧妙的融合，图 6-1-19 中这款黑色长外套剪裁修身合体，领部配以大红针织大领巾，下穿紧身七分裤。刺绣装饰是 Etro 永远追求的精髓，袖口华丽的锦缎、铜钉装饰体现了 Etro 的高贵品质，与腰带的狗牙装饰一并流露出浓郁的波希米亚风情。在色彩上，大片的红色与点缀的嫩绿色、宝蓝与嫩黄两组纯度高色彩相互冲撞，但被腰带和裤身的黑色巧妙调和。

2. 具清纯形象的 70 年代风格设计（图 6-1-20）

意大利设计师 Anna Molinari 的三线品牌 Blugirl 设计充满着阳光和热情，其 2007 年春夏设计有着浓郁的 70 年代情结。这款女装给人以典雅庄重感觉，棉质的镂空通花料、人造毛皮、针织均以白色呈现，非常的女性化。但在具体款式上设计师则借鉴了 70 年代流行的背带工装，巧妙将稚嫩与粗犷两者相对立的感觉结合在一起，别具情调。

3. 带朋克理念的 70 年代风格设计（图 6-1-21）

出生于英国的 John Richmond 是一个前卫的新生代设计师，他的设计作品融合街头、华丽、时尚元素，受到 Cult 文化追随者及音乐明星的追捧。这款 2007 年春夏设计采用 70 年风格裤套装结构，但不乏设计师所擅长的朋克文化的使用，如金属链子挂件。透视薄纱包裹着上身，将女性体形线条展露无遗，这也是街头文化的痕迹。将头发盘起使刘海低垂，制造出一种性感摇滚风尚。

第二节 朋克风格时装

一、朋克风格产生的相关背景

"朋克"（Punk）一词最初由"性枪手"乐队（the Sex Pistols）在伦敦圣·马丁艺术学院的一场演出中提出，1976 年 9 月 20 日由"性枪手"等乐队在牛津街口的 100 俱乐部共同的演唱会被舆论界界定为"朋克摇滚"（Punk Rock），宣告朋克运动的降临。朋克是一种风格前卫的街头运动，首先流行于伦敦青少年中，后扩散到整个欧洲和北美地区。

20 世纪 70 年代初，由于英国面临严重的经济危机，失业率居高不下，众多处于失业或半失业边缘蓝领阶层的青少年以及辍学者充满了绝望，他们以奇异服饰打扮来宣泄自己的不满。他们着装邋遢肮脏，发型怪异，满口粗话，他们拒绝传统和权威，颠

图 6-2-1　设计师 Vivienne Westwood

图 6-2-2　朋克风格服饰带有强烈的反叛意识，图为 McQueen2001 年秋冬设计

覆一切既定秩序和规则。朋克的响亮口号是"自己动手做吧"（Do it yourself），主张将廉价服装和布料进行再创造，展现一种粗糙的风格。

70 年代末，朋克服装趋于收敛，那种张扬的挂满别针和金属条装饰的朋克服装销声匿迹，但朋克服装的一些细节继续流行，如毛边、拼接、镂空、皱褶、一些特殊印染手法（酸洗、破坏洗等），为时装的流行带来无限的想象空间。

朋克是一种对文化具有相当冲击的社会现象，从音乐到平面设计，从时装到日常生活，涵盖的范围非常广。

1. 朋克之母 Vivienne Westwood 及其设计理念（图 6-2-1）

70 年代的风云人物当属英国"朋克之母"Vivienne Westwood。1971 年由 Westwood 和 McLaren 在国王大道开设了第一家专门出售朋克装束的小店，店名为"Let It Rock"（尽情摇滚），在店中陈列着 Vivienne Westwood 设计的各种稀奇古怪的服装和配饰，如坡跟鞋、印有挑衅性口号的 T 恤等，此店也成为朋克们活动的中心。1972 年，Westwood 将店名改为"日子太快无法活，年纪太轻死不了"，以顺应朋克文化需求。

1974 年，Westwood 的设计趋于性感，推出内衣外穿系列，其店名也变成"Sex"（性感）。之后变化的店名"叛乱分子"（1977 年）、"世界末日"（1980 年）体现她前卫朋克设计路线。对于自己的设计，她曾对 *Vogue* 表示："传统是愚蠢的。一种文化的生命力存在于传统和非传统的界线上，而我则不断努力踏在这条线上。"

Vivienne Westwood 始终是朋克时装的先驱者，是朋克文化的实践者，她的前卫设计直接带动 70 年代朋克服饰的兴起。Vivienne Westwood 以前卫、反叛的设计理念向传统服饰挑战，设计常常表现为不对称的剪裁结构、凌乱的缝线处理、混杂不堪的衣摆、随意的涂鸦和不协调的色彩。Vivienne Westwood 设计坚持走性感路线，特别突出胸部和臀部，胸线挖得很低，搭配夸张的大领，臀部有意以填塞料垫得很高，故意将文胸穿在外衣外面，开创内衣外穿的先河。颠覆破坏是朋克美学的精髓，Vivienne Westwood 常采用撕破、粗糙的布料，故意设置缝边开绺结构，创造破坏美感，她认为女人穿撕破的衣服很性感。

2. 朋克和嬉皮的区别与联系（图 6-2-2）

朋克运动是 20 世纪 60 年代嬉皮运动和"垮掉

图 6-2-3 朋克服饰聚集诸多互为矛盾的元素，图为 Vivienne Westwood1995 年作品

图 6-2-4 强调紧身造型的朋克服装设计

图 6-2-5 Vivienne Westwood1996 年秋冬的朋克风格设计

图 6-2-6 充满感官刺激的朋克风格女装设计

的一代"的延续，最终走向了对嬉皮文化的背叛，成为与主流社会相对的另类文化现象。

嬉皮与朋克既有联系也有区别。两者同样是发泄对社会的不满，嬉皮选择通宵集会游行和高喊口号，倡导无限的爱和永久的和平，逃离城市回归乡间过乌托邦式的群居生活，这是一种带有反叛精神的生活状态。而朋克们则驻留在大都市，整天无所事事，混迹于街头巷尾，依然宣扬性解放，通过吸食毒品、歇斯底里式的摇滚乐呐喊和稀奇古怪的服饰装扮或口号来宣泄自己的情感，他们更带有攻击社会的成分。

二、朋克风格时装设计解析

1. 风格 (图 6-2-3)

朋克风格服装体现出反传统、反社会精神，表现为不对称衣身结构、不完整衣裙处理、不调和色彩组合、不协调互相搭配，这种追求近乎扭曲、拖沓、病态的服装在整体风格上展现出颓废、怪诞、前卫和夸张的效果。

2. 造型

朋克风格服装主要强调合体紧身，甚至将体型包裹得鼓出，因此服装造型呈壳体形式（图 6-2-4）。此外也突出裙装的夸大造型，与上装形成对比，外形呈 X 型，Vivienne Westwood 擅长此造型（图 6-2-5）。

3. 款式 (图 6-2-6)

朋克服饰是时装主流设计的逆向思维，常将看似不相关的事物东拼西凑组合，并加入了自己的构思。同时追求硬朗和感官刺激，甚至是侵略和暴力感觉的穿着效果，无论在款式、色彩、图案、材质，还是具体搭配均体现这一特点，如盔甲般机车骑士皮质紧身短茄克搭配皮裤（图 6-2-7）。此外还追求特殊的对比效果，包括质感（厚与薄、轻与重、光与毛等）、大小长短比例，具体表现如毛质外套与闪光衬裙、紧窄短上衣配紧身长裤等（图 6-2-8）。

源自社会下层的朋克强调"性和暴力"，朋克服饰带有强烈反叛色彩，在服装上体现出打破原有服装审美体系，表现如下：

图 6-2-7 机车骑士皮质紧身短夹克搭配皮裤，50 年代偶像、影星 Marlon Brando 着装已充满反叛色彩

图 6-2-8 朋克日常服饰

①以破坏为美。在细节上采用面料表面的破洞、贴补、撕裂，或边缘的拉毛，这全是故意所为，如牛仔裤、渔网背心的磨破处理。

②以转换形象为美。在服装形式上，割裂服装原有形象，通过转换概念而转化为新形象，如内衣外穿、男衣女穿女衣男穿等形式。

③以暴露为美。通过对性部位的突现或裸露，体现出反传统的倾向（图6-2-9）。

设计重点

朋克风格强调女性性感，胸和臀是朋克风格服装表现重点，通过包裹、捆绑、透视、金属装饰等手法成为视觉焦点。Vivienne Westwood 的作品尤其明显，她往往设计低胸结构紧身上衣或内衣外穿形式，配上加入填塞料的翘臀结构裙装。Gaultier 的设计多以紧身胸衣为灵感进行构思，1990 年 Madonna 全球演唱会所穿的锥形胸衣便是他的杰作。

具体单品

虽然朋克风潮源自嬉皮，但朋克装束的典型款式全无异国情调感觉而是硬朗的黑色茄克，最早出现于纽约摇滚乐队成员的皮装上面点缀着闪闪发光的安全别针、铆钉、拉链、刮脸刀片、金星等饰物，他们奇特的装扮成为当时朋克效仿的对象。受60年代年轻风貌的影响，女朋克最爱穿的仍是极短超短裙，其他朋克风格典型服装还有各类T恤、短袖或无袖衬衫、背带式牛仔裤、工装裤、喇叭裤、袋状裤等（图6-2-10）。

军装、摇滚乐是朋克服饰常见的两大混合元素。源自军装的双排款式，绑带式结构、铜钉、臂章、各式军徽、高绑军靴等和由摇滚乐发展而来的黑色皮茄克、紧身皮裤等都是朋克服饰重要组成部分。

细节装饰（图6-2-11）

朋克服装的细节装饰非常丰富，常将衣服撕裂、挖洞或磨破，以安全别针将布别为一体，露出纹身的肉体；或者磨旧、弄脏衣服表面，以流苏装饰边缘，产生拖沓感；或者将大头针、亮片、铁链子、拉链、皮带等装饰服装，尤其与皮装搭配，有强烈的感官刺激（图6-2-12）。

朋克服饰装饰具有自虐倾向，朋克喜欢将钉有铆钉的狗链、脚踏车链紧紧套在颈部作装饰，还有安全别针（图6-2-13）、避孕套、骷髅、纳粹万字徽章等也被用于装饰，通过刺穿脸颊、鼻孔、耳廓，甚至乳头、阴唇等部位来诠释朋克与众不同的服饰

图6-2-9　1997年秋冬 Vivienne Westwood 的内衣外穿形式设计

图6-2-10　图为朋克服饰局部

图6-2-11　视觉的冲撞是朋克风格女装设计重点

图6-2-12　1999年纽约一朋克打扮

图6-2-13　脸部装饰

图 6-2-14 McQueen2001 年秋冬的朋克风格设计

图 6-2-15 一对朋克夫妇的打扮，着装色彩以黑色为主

图 6-2-16 对比强烈的色彩组合

图 6-2-17 1993 年 JP Gaultier 推出的紧身胸衣造型女用香水

图 6-2-18 McQueen2009 年春夏设计以骷髅作为图案

美学（图 6-2-14）。

4．色彩

黑色是幽深、黑暗的代表，是神秘、死亡、恐怖、肃穆的化身，因此朋克文化的首选色彩即是黑色，它常用以朋克服装、配件甚至化妆上（图 6-2-15）。

色彩搭配强调冲撞感，黑白、纯色之间、纯色与无彩色之间的对比是常见形式（图 6-2-16）。

5．图案（图 6-2-17）

图案是朋克服饰的一大特点，除了常规使用的格纹、豹纹图案外，还以独特的图形表明朋克的存在，如各类恐怖血腥场面(谋杀)、性爱画面(强奸、爱抚)、反政府口号，通常随手涂鸦、拓印，外加挂件装饰甚至纹身，各类茄克、T 恤、内衣、裤装都可被用来宣泄（图 6-2-18）。

6．材质

朋克风格服装追求面料表面的各种肌理效果，重视材质之间搭配产生的冲突感，以人造材料、透明塑料制品、质地硬挺的皮革、富有光泽的缎子和各类金属最为常见，早期朋克即以皮革与金属组合作为特征。此外也用棉布、化纤、丝绒、薄纱、渔网等材质。

7．配饰（图 6-2-19）

金属铆钉装饰的十字架、骷髅头皮带、手环、项圈等是搭配朋克服装的主要附件，为追求感官刺激，朋克甚至将厕所抽水马桶的铁链制成项链，剃刀和安全别针作耳环。

超高跟和超厚鞋底（或称松糕鞋）是朋克风格的标志，此外大头军鞋、装饰金属钉或皮带的长靴也是朋克热衷的（图 6-2-20、图 6-2-21）。

8．化妆和发式（图 6-2-22）

朋克喜好恐怖风格化妆，表现为黑眼圈、猩红嘴唇、烟熏妆、发青的脸颊等。朋克还常在脸颊或眼圈附近涂上闪闪发光色彩，将眼圈化成几何形，在身上涂满靛蓝的荧光粉（图 6-2-23）。

造型夸张、呈爆炸式的发式是朋克经典标志之

图 6-2-19 朋克配件装饰

图 6-2-20 厚底鞋

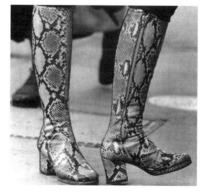
图 5-2-21 蛇皮靴

图 6-2-22 朋克头饰

图 6-2-23 夸张的妆容

一，朋克常剃名为莫西干人（北美印地安人的一个分支）式发型，这是一种两边剃得铁青仅留中间蓬松一把、类似鸡冠或刺猬的发型，有时朋克也将头发剪成细短毛式，染成红、蓝、橘、紫或绿色。有的朋克则把头发统统剃光，露出青色的头皮。

三、朋克风格时装流行演变

20 世纪 70 年代朋克运动达到高潮，于 80 年代渐渐退潮，但对时装设计的影响深远。Westwood 于 1981 年推出了名为"Pirate"（海盗）服装，作品兼有海盗、北美印第安人和法国 19 世纪形象元素。1982 年，Vivienne Westwood 的第三个作品秀"野性女孩"（Buffalo Girls）灵感来自于一张背着婴儿跳舞的秘鲁女人照片，作品先后在伦敦和巴黎发布。以往，巴黎时装将 Westwood 的设计视为颓废与堕落，属非主流设计，在巴黎的展示标志着 Vivienne Westwood 正式步入世界主流时装界。随着 Vivienne Westwood 每年都前往巴黎发布时装，包括朋克服饰文化的前卫理念渐渐为人们所接受，众多设计师注意到亚文化愈来愈大的影响力，争相赴伦敦感受朋克文化，将街头文化融入到他们的各类时装设计中，如 JP Gaultier 相继发布了前卫风格时装。

朋克服饰没有性别区分，由此导致无性别服装概念在 20 世纪 90 年代成为时尚流行的宠儿，这就是后朋克风潮，作品体现出鲜艳、破烂、简洁、金属味的混合体（图 6-2-24），如 1994 年 Versace 为英国著名电影明星 Elizabeth Hurly 设计的安全别针晚礼服，集朋克和性感于一身（图 6-2-25）。此外"Grunge""内衣外穿""透视风貌"等朋克异化物的兴起，很大程度上是受朋克风格的影响。

21 世纪女装设计中，前卫设计层出不穷（图 6-2-26）。在 2001 年秋冬时装发布会上，许多设计师都不约而同地以 Vivienne Westwood 的那种带有反叛另类风格作灵感来源，Missoni、Blumarine 和 Etro 都大量选取民俗风味浓烈的涡漩状图案，其来源便是 Vivienne Westwood1981 年的海盗系列。早年 Vivienne Westwood 设计中经常采用的拼接、撕裂、混搭等概念如今已司空见惯了，而且已成为 20 和 21 世纪时装设计的潮流。Versace 曾在黑色紧身晚礼服设计中加入了大号安全别针，而在当今设计师，如 JP Gaultier、John Galliano、川久保玲等的作品中经常可见这种手法（图 6-2-27）。

2012 年以来，70 年代主题成为众多设计师的宠儿，与之相伴的朋克元素也一再被使用，如 2013 年春夏 Costume National 作品和秋冬渡边淳弥的设计（图 6-2-28）。

四、朋克风格女装作品分析

1. 朋克与解构主义结合的设计（图 6-2-29）

英国设计师 Vivienne Westwood 的招牌设计是"朋克"与"解构主义"，她迷恋于撕开的、略略滑离身体的服装，喜欢让人们在身体的随意摆动之间展

图 6-2-24 Versace 的 1991 年"Bondage"系列设计汲取了朋克服饰的装饰手法

图 6-2-25 Elizabeth Hurly 身着 Versace 设计的安全别针晚礼服

图 6-2-26 充满朋克文化的女装，图为 John Richmond2007 年春夏设计

图 6-2-27 擅长民俗风情设计的 Etro 在作品中也融入了前卫的朋克文化，图为 Etro2008 年秋冬设计

图 6-2-28　Junya Watanabe 以拉链作装饰的大衣设计

图 6-2-29　Vivienne Westwood2006 年秋冬设计

图 6-2-30　A.F. Vandevorst2007 年春夏设计

图 6-2-31　Jean Paul Gaultier2007 年春夏设计

图 6-2-32　Junya Watanabe2007 年秋冬设计

露色情，因此，她经常会将臀下部分做成开放状态，或者在短上衣下做出紧身装，或者用一条带子连住两条裤管，奇特的垂荡袜也是她的发明。2006 年秋冬时装秀中，可以捕捉 Vivienne Westwood 由光怪陆离的色彩彰显的另类，如夜光效果的奇幻紫变幻莫测，让你的眼睛也有想舞蹈的律动节奏的感觉。透彻精辟的解构断裂设计出尽风头，衣袖领口的截片，斜挎胸前的褶裢式设计，特意撕裂的突兀开口，拼凑制造出的褴褛破败感，颓废与雅致相辅相成。在这款设计中，设计师运用朋克的常规语言，使柔弱的材质随着野性的设计思维变得张狂，随意的缠绕、抽褶、抓褶、打结此起彼伏，无序零乱，参差不整，层次丰富多变。由不同的工艺产生夸张的造型和复杂结构，这正是设计师所欲表现的与众不同之处，而所有相对立的元素在略显整体的色调中得到有限的统一。

2."结构派"的朋克风格设计 (图 6-2-30)

作为"结构派"中的实力选手，比利时设计组合 A.F. Vandevorst 通过平易近人却独具匠心的系列成衣，凸显其结构派形象。2007 年春夏，A.F. Vandevorst 为人们带来了他们新的灵感和创意。单纯简约与高纯度

色彩的娴熟运用，为我们展示了 Vandevorst 对于 21 世纪初复古风潮的思考与探索。设计师对本季的服装系列作了这样的概述：我们采用了僧侣般的围巾式帽饰——从上衣、连衣裙，再到晚装，我们喜欢这种独特的装饰为整体带来高雅圣洁的感觉。在色彩上，你可以发现很多内衣般柔和的色调，如白色、肉粉色、淡灰色，而那几件亮眼的蓝色则突出了宗教的主题。此款裤套装设计运用缠绕披排手法，结构严谨。口袋处别具朋克风格的黑色链饰装饰格外抢眼，将原本空旷的白色点缀出一些轻松幽默感。

3.混搭朋克表现 (图 6-2-31)

法国设计师 Jean Paul Gaultier 以朋克式的激进风格著称，将前卫、古典和奇风异俗，通过混合、对立或拆解，再加以重新构筑，其中加入许多个人独特的幽默感，有点不正经又充满创意，像个爱开玩笑的大男孩。Gaultier 的 2007 年春夏作品，着实会被无比眩目的多元风格迷乱双眼。在这款设计中，他把朋克元素与高级时装结合在一起，颇具朋克意味的皮质短茄克上金属拉链和铆钉一应俱全，镶有铆钉的胸衣是设计师擅长的手法。搭配的裙子真是意想不到，造型夸大的下裙挑战我们的审美，温柔浪漫的透明纱裙与前卫的上装构成绝妙的对比，既突兀，又耐人寻味。设计师正是以如此意外的构思以展现其无与伦比的设计奇想。

4.融合浪漫元素的朋克风格设计 (图 6-2-32)

日本设计师 Junya Watanabe（渡边淳弥）曾以制版师的身份进入 Comme Des Garcons 的个人工作室，从此开始了他的服装生涯。他的设计充满奇特的结构，创新剪裁使作品夹杂了建筑设计的效果。Watanabe2007 年秋冬设计主题是"黑色浪漫风"，一贯的黑色占据主导，呈现出低调的姿态，但作品融入了柔美浪漫的线条以重新诠释朋克、摇滚风格，自然运用的是 Watanabe 钟爱的解构手法。这款设计带具有强烈的朋克倾向，即具有强烈冲突感、冲撞性的效果，如金属铜扣运用、拉链随意弯曲分布、上下装面料质地对比和造型对比等等，让人联想起 20 世纪 70 年代轰轰烈烈的以朋克风格为代表的街头运动。设计师运用其高超的剪裁技术，紧身的皮质短茄克的门襟结构独特，与裙装拉链齿的曲线分布构成了整款的视觉焦点，也吻合了此系列浪漫情调的表现。带出了男性化的感觉，超长的袖子与短窄的衣身形成对比，宽厚的腰带更增添了一丝硬朗感觉。

第三节 迪斯科风格时装

一、迪斯科风格产生的相关背景

迪斯科这个词是法语 "Discothéque" 的缩写形式，意指那些播放录制好的跳舞音乐供人跳舞的舞厅。真正迪厅起源可追溯至 1940 年处于纳粹统治下的法国，一个巴黎人开了间酒吧，取名"迪厅"（La Discothéque），专放来自美国的爵士乐。二战后，这类迪厅成为风尚，巴黎出现了许多以放爵士乐和布鲁斯唱片为主的俱乐部，顾客只在此气氛下聊天，跳舞很少。之后在英国、美国流传开来，舞者越来越多。为调动舞者的情绪、控制舞场的气氛，出现了 DJ（唱片骑士），服务对象大多数是穷人。60 年代迪斯科风潮开始在美国流行，同时也伴随着迷幻药。

1975 年越南战争正式结束，社会上对政治的热情也随之消失，转而关注自我，开始追求音乐和着装的新奇和怪异。一方面年轻人文化，尤其是消极、颓废的朋克风格大行其道；另一方面社会上兴起了跳舞热，源于黑人音乐的迪斯科进入大众的视线，这种简单而奔放的音乐旋律比较容易唤起年轻一代的激情。1974 年迪斯科舞厅在美国大量出现，夜间年轻人穿着紧身外套在此聚集狂欢，这种活泼、动感风潮带来了新时尚、新观念。1975 年，被誉为迪斯科女王的 Donna Summer 以一曲 Love to love you baby 开创了 Disco 风潮，瞬间席卷全美，瑞典演唱组 ABBA 乐队所带来的迪斯科歌曲也在世界范围流行，如 1974 年流行的 *Waterloo*。1976 年，Steve Rubell 和 Ian Schrager 在纽约经营的迪斯科舞厅 "club Studio 54" 成为迪斯科舞迷的著名聚集地，带动迪斯科风尚的传播（图 6-3-1）。1983 年的美国电影《霹雳舞》红透全球，给当时的人们带来了不小的影响。我国也在 1985 年左右拍摄了《摇滚青年》，同样是描述霹雳舞的影片。

为配合迪斯科节奏的跳舞服装需具有弹力，而美国杜邦公司于 1959 年研制开发的带弹力的莱卡纤维直到此时才为世人所认识，并大量运用于各类服装中。在纽约的美国设计师 Roy Halston, Bill Blass 和 Geoffrey Beene 也在作品中不断加入迪斯科的元素，Halston 设计的大开口 V 领丝质裙装，后背裸露，具有希腊风格，成为名人和迪斯科舞迷的首选服装。

1．迪斯科灯光与音响

迪斯科舞厅上空有个闪闪发亮的多面体反光球（Disco Ball），当音乐响起，集束灯光照射在黑暗的舞厅里，舞者会产生晃动感，能充分发泄心中的情绪。光

图 6-3-1 纽约 "club Studio 54" 迪斯科舞厅对迪斯科风格服饰流行起到推波助澜作用

图 6-3-2 迪斯科舞者

线通常由红色和紫色组成，飞旋的彩光在黑暗中能使白色产生荧光效果。灯光是迪斯科音乐的重要组成部分。

迪斯科音乐是现代工业化的反映，70 年代随着多媒体技术的发展，具现代科技的电声乐器广泛运用于迪斯科音乐中，利用合成器的音响音质刺耳嘈杂但极具穿透力。多媒体音响技术推动了迪斯科音乐的流行。

2．迪斯科节拍与舞姿（图 6-3-2）

迪斯科音乐强调节拍，不分轻重，以重复性 4/4 拍作节奏，每一拍都是强拍，从头至尾保持长时间的敲打，所以一般舞者都能适应。迪斯科曲子短小，歌词和曲调都很简单，所以容易激发年轻人的心灵思绪，并引起共鸣。

迪斯科这种形式来源于街头文化，其舞蹈形式完全是即兴的，舞者无固定舞步，只需随着音乐节奏舞动腰肢、扭动胯部、晃动身躯，而带给人们的是强烈感官刺激。

图 6-3-3　充满动感的迪斯科风格舞裙

图 6-3-4　紧身与宽松结合的设计

二、迪斯科风格时装设计解析

1. 风格 (图 6-3-3)

迪斯科风格服装不同于白天的日常穿着，是配合特殊场合而产生的，无论是款式、色彩、图案，还是材质都突出欢快的节奏感，体现出热烈、奔放和动感的风格特征。

2. 造型 (图 6-3-4)

由于活动的需要，迪斯科风格女装以紧身或合体造型为主，兼有宽松外形，主要廓型有小 A 型、直线型、帐篷型、球型等。

3. 款式 (图 6-3-5)

款式设计结构简单，为便于舞动注重上身紧身合体，利用结构勾勒体形，包括无领无袖短装、紧身衬衫和紧身胸衣，衣身往往外披飘逸长巾。裸露是迪斯科女装特征，颈部开口较大，多呈 V 字，后背也是裸露主要部位，通常以带系结颈部。腿部通过眩目的质料和色彩突出女性的性感和奔放（图 6-3-6）。

图 6-3-5　紧身合体的裙装

图 6-3-6　紧身合体的迪斯科风格裙装

款式主要分为两种形式：

①紧身型。这种服饰造型适合跳节奏强烈的舞蹈，着装效果类似体操运动员。标准打扮是 70 年代流行的热裤，紧窄包臀修长裤装（包括七分裤和九分裤），牛仔裤也常见，裤脚大都是超宽口。

②松身型。这种服饰造型能给人以洒脱感觉，造型呈 A 型，如活泼飘逸的超短舞裙，裙短甚至到濒临走光的地步。好莱坞电影《周末夜狂热》展现着典型的迪斯科服饰形象：尼龙衬衫配搭花哨牛仔裤和厚底鞋。此外还有宽袖、宽腰、收下摆的连身裙（图 6-3-7）。

4. 色彩

色彩是迪斯科风格表现的重要一环。迪斯科舞厅灯光炫目闪烁，气氛喧闹欢快，因此色彩选用闪亮和局部有跳跃感，如鲜红、鹅黄、鲜绿、桃色、紫罗兰、宝蓝等，与其相配的以黑色居多。在舞厅闪光球和霓虹灯映衬下，金色、银色因其色泽而具特殊夺目效果，所以使用率较高。

5. 图案 (图 6-3-8)

图案在迪斯科风格女装中占有一定作用，夸张、

图 6-3-7　金色丝质迪斯科舞裙　　图 6-3-8　图案夸张、色彩艳丽的迪斯科风格女装

醒目的图形有助于风格表现，条纹、点纹是常用图形，舞动时能产生视觉的晃动感。其他还有各类动物纹样，尤其是带野性的豹纹（图 6-3-9）。

6. 材质 (图 6-3-10)

为配合热烈欢快的舞厅氛围，常用面料有闪光缎料、PVC、绒布以及制作透视服用的轻薄面料，如雪纺、蕾丝等。在 80 年代因迪斯科风潮皮革服装大热，

图 6-3-9　豹纹运用

图 6-3-10　飘逸、带光泽的材质运用

图 6-3-11　1977 年美国杂志 *Vogue* 11 月登载的金色靴子　　图 6-3-12　典型的迪斯科女郎　　图 6-3-13　Matthew Williamson 2002 年春夏迪斯科风格女装设计　　图 6-3-14　迪斯科风格作品　　图 6-3-15　2015 年秋冬 Blumarine 作品

服装设计师们纷纷将皮革运用到设计中，尤其是漆皮的加入更具闪耀效果。

7. 配饰（图 6-3-11）

常用配饰造型夸张，超越常规尺寸，如超大墨镜、宽皮带、特厚底漆皮高跟凉鞋，这些配件常带有金属附件作为装饰或结构连接，如链子、环形扣、挂钩等。闪耀的舞台极适合造型夸张、珠光宝气的饰品，如硕大金属耳环、各色挂件等，让人觉得有些轻浮和俗气。此外俏皮的猫形领结也是配饰之一。

配合腿部的裸露，各类性感丝袜、吊带袜以及长短靴子也是搭配佳品。

8. 化妆和发式（图 6-3-12）

浓艳的妆容是必需的，如带光泽的红唇、闪亮的眼影。非洲式的爆炸头和瀑布般长发是典型的迪斯科风格表现。

三、迪斯科风格时装流行演变

经历了 80 年代的低潮后，在 90 年代迪斯科风格、迪斯科装扮重新复古，1995 年春夏季米兰时装展上曾出现。

在 2002 年春夏伦敦时装秀中出现了迪斯科风格女装，Matthew Williamson 选用霓虹色彩，设计了大披肩、连身裙款式，带出了 80 年代的情调（图 6-3-13）。而 David Wyatt 则将灵感取自 70 年代纽约红极一时的迪斯科舞厅 Studio54，结合了 80

年代廓型、宽肩等元素，凸显出都市的性感。2005 年，麦当娜的新专辑《舞池告白》重新唤起人们的迪斯科热情，各类 70 和 80 年代的劲歌热播，时装舞台也狂吹迪斯科风。2005 年秋冬设计中出现了上身金色漆皮外套，短裙上镶满了金色铆钉，十分有金属摇滚感觉，将 70 年代的风格、迪斯科舞场、颓废摇滚华丽朋克摇滚融合在一起推出。2007 年春夏不少品牌设计出有迪斯科舞台装感觉的服饰，同时与金属感材质相搭配，延伸出具有未来感新时尚，如 Balenciaga 的系列设计中出现了腿上贴着金属片的模特，力求塑造太空女战士形象。图 6-3-14 的设计主题包括了 70 年代的迪斯科，设计师设计了热裤、猫形领结、飘逸裙装等，加上动物纹样和金、黑、白色的运用，将复古与性感完美结合。2008 年欧美设计师的设计作品也带有迪斯科的风格，如 Salvatore Ferragamo、Karl Lagerfeld 的 2008 春夏设计。

2015 年秋冬，迪斯科风格再次回归 T 台，如 Blumarine 塑造的带消遣娱乐感迪斯科风情的甜美少女，充满浪漫成分（图 6-3-15）。

四、迪斯科风格时装作品分析

1. 美艳的迪斯科风格表现（图 6-3-16）

意大利名品 Gucci 主设计师 Frida Giannini 的 2006 年秋冬女装系列设计灵感取自她珍藏的黑胶唱

图 6-3-16　Gucci2006 年秋冬设计

图 6-3-17　Elie Saab2007 年春夏设计

图 6-3-18　Elie Saab 在 2011 年春夏设计

片中，所设计的造型明确而硬朗，无论是超短裙，还是曳地长裙、长裤、外套，多以夸张、对比的手法呈现，或极度紧身短小，或夸大至极限。设计师运用浓重的紫色、红色、黑色和金色，让人联想到喧嚣的 70 年代。这款设计洋溢着青春的热火，闪亮耀眼的金色、贴身上衣、大开的前襟、宽松的袖型、超短的热裤，配上性感丝袜，以美艳融入怀旧的迪斯科风格之中。

2. 喧嚣 70 年代表现 (图 6-3-17)

黎巴嫩裔设计师 Elie Saab 擅长礼服设计，但他的成衣设计也颇具功力。2007 年春夏系列，他将设计灵感取自于 20 世纪 70 年代风格、迪斯科和法国大众明星姐妹 Dalida（达莉塔）和 Sylvie Vartan（塞尔薇·瓦丹），金色的 T 台和闪耀的灯光昭示其设计主题。

这款设计整体上呈现出年轻、另类特质，宽松的外套领形硕大无比，内衬闪亮的紧身深 V 字内衣，超短的热裤、流行的特宽腰带、整款金属闪色的运用，加上模特烟熏妆容，所有一切组成一幅 70 年代喧嚣场景。

3. 融入 70 年代元素和 Studio 54 狂野之夜的迪斯科主题设计

Elie Saab 在 2011 年春夏系列中又将设计灵感取自 Studio 54 这一迪斯科的大本营，飘逸的雪纺和闪亮的材质，加上性感的款式造型，使人重新幻想起那个令人如痴如醉的时代。这款青蓝色套装带有浓郁的 70 年代元素：男式透视衬衫、长款外套、男式短裤，男装女穿运用到极致。而耀眼闪光的材质的加入点出了迪斯科这一特定的主题，浮躁而骚动的心理顿时呈现（图 6-3-18）。

第四节 军装风格时装

一、军装风格产生的相关背景

军装是军队专用的制式服装。为了便于统帅，进行训练，保持威严和进行战斗，军人们必须穿统一的制服。考虑到军人在战争中需得到保护和隐蔽，军装设计在造型、款式、色彩、面料机能等方面都从实战出发，款式结构舒适，适合活动；面料具有透气、耐用等特点；色彩与自然环境相适应，陆军采用草绿色、米黄色，海军为海军蓝或蓝白，图案则是迷彩形式。为适合战时情况，一般采用束皮带上装与裤装组合。世界各国由于地域、文化、历史背景等方面的不同，军装种类繁多，式样各异。这里所提及的军装概念主要指西欧各国以及美国、俄罗斯和我国的军队服装。

在现代社会中，军装样式已影响着人们的日常着装，而引领时尚潮流的时装设计师不时推出军装风格的时装，掀起一波又一波的流行浪潮。

1. 军装样式演变 (图 6-4-1)

军装在历史发展中均留下了深刻的时代烙印。我国战国时期赵武灵王倡导了短衣、长裤和革靴的军装形式，古罗马的轻骑兵的军装是动物毛皮制成。法国路易十四时期正式规定了统一的军装款式，不同兵种军装颜色也不同：禁卫军穿白色军服，龙骑兵穿红色军服，步兵穿灰色军服。许多欧洲国家军队戴熊皮圆筒帽，穿燕尾服，扎白十字带，穿高腰长统靴，但这种华而不实的军装于 19 世纪中叶后随着火器的改进而逐渐被淘汰，现只在正式典礼才出现。

在第一次世界大战中，军装款式趋于简洁实用，穿着合体和轻便，以卡其布上装、马裤和绑腿组成。此外也保留了一些用于仪式的细节，如奥地利轻骑兵穿的镶嵌着精美花边的蓝色匈奴王军用上衣与猩红色的马裤，腰间挂着专门用于检阅仪式的短剑，外加戴上一顶精致的有檐平顶式头盔，这种头盔顶部不仅带有鸟冠，而且还装饰着非常漂亮的羽毛。

第二次世界大战时期，承袭了军装基本款型，去除了不必要的装饰细节，各个部位细节设计均考虑了实战的要求。服装的面料充分反映了实战环境的要求，体现透气舒适的特殊功能。由于军种的细化，分出陆军、海军、空军、海军陆战队四大军种，出现了相应的服装造型和款式，如当时备受关注的空军飞行员，他们所穿的飞行茄克配筒靴形象具有英武俊朗的特点，迷倒年轻人，直至影响到六七十年代。

图 6-4-1 一战时期的风衣

第二次世界大战逐渐奠定了现代军装的基础，军队常服制式基本成为西式上装、裤子和腰带。

2. 军装风格的兴起

军装风格较早兴起于 20 世纪 60 年代中后期，当时，英国的时尚青年钟情于源于二战英国海军的粗呢带帽长大衣，扣子是木制的。此外美国空军飞行员所穿的及腰长毛领皮茄克及标记图形也非常受欢迎，用灯芯绒或粗斜棉布制成的相同款式服装成畅销品。在 70 年代中后期，军装风格成为朋克服饰的一个重要组成部分，军靴、子弹皮带、臂章、卡其布茄克、染色或撕裂的军绿色多袋长裤、深绿色盖世太保式皮装是朋克的典型款式。

在 T 台上，设计师也从军服款式及配饰中汲取灵感，设计出全新感觉的迷彩服、海军服、飞行茄克、F1 赛车服、摩托服、潜水服、甚至拿破仑时代的军帽都能在 T 型台上找到影子。

二、军装风格时装设计解析

1. 风格

由于现代社会竞争的激烈，使现代女性具备了坚强的性格和独立性。就着装而言，军装风格女装符合现代女性的这一心理需求。军装风格女装表现出具男性味的帅气和冷峻，为原本妩媚女性增添几许豪迈之气。在现代女装设计中，军装风格演化出多样性，华丽、中性、异域等感觉均同时呈现。

2. 造型 (图 6-4-2)

军装风格女装强调硬朗的线条结构，常规造型多以直线为主，肩部平且宽，使造型呈 Y 型、T 型。如是收腰结构则呈 X 型，这种异样造型往往塑造出几许性感成分。

3. 款式 (图 6-4-3)

常规军装款式似西装，前胸配四个贴袋，外加精神穗带、肩章、肩襻、臂章、勋章、穗带流苏等装饰，整体视觉上这些装饰起着重要的作用。军装风格服装以军装中的各个装饰细节为灵感。

门襟

传统军装采用双排扣的叠门襟结构居多，结合钮扣的排列，给人以威严感。拉链作闭合门襟多用于空军飞行茄克。一般在充满阳刚之气的短茄克中运用。

领型

以翻领、驳领和立领为主，线条呈直线和折线，造型硬朗，给人以力量感觉。海军使用的水手领（水兵领）属无领脚的大翻领，带有活泼气息。

口袋

多口袋和袋盖是军装的重要特征之一，前身、袖身、裤管和臀部是主要部位。在军装风格女装设计中，不同部位和造型的口袋设计加强了服装的功能特性和风格表现。在现代女装的军装风格演绎中，口袋已成为标志性细节。

缉线处理

一般军装有缉线处理。在军装风格服装边沿的明线处理一方面体现出装饰性，另一方面也加强服装的整体硬朗效果。

扣子

扣子是军装风格设计的主要元素，整齐划一的扣子给人感觉严谨、秩序和威严，金属质感的铜扣尤其能表现出英姿飒爽感觉。

主要单品：

风衣

风衣是军队装束的一部分，两次大战均有风衣的影子。风衣基本元素为超大翻领、肩襻、整齐排列的钮扣、过膝下摆、腰带收紧腰部，这些已被广泛运用于军装风格的时装设计中，让女人看起来更加帅气，并在硬朗中展现独特的女性韵味。

飞行茄克

飞行茄克是空军的常备服装形式，宽肩、衣长至腰，袖口和下摆均装松紧带，造型呈倒梯形，尽显男

图 6-4-2 灵感来自军装、造型呈 Y 型的女装设计

图 6-4-3 运用解构原理所做的军装风格设计

图 6-4-4　表现军装风格的色彩　　图6-4-5　以海军元素为灵感的设计，　　图 6-4-6　迷彩图案的运用　　图 6-4-7　灵感来自特种兵的遮面帽
　　　　　　　　　　　　　　　　　　作品更多体现出年轻和性感成分

性魅力。飞行茄克向来是设计师灵感来源，短款紧身茄克若搭配迷你裙或紧身长裤特别能凸显女性的干练和气质。

骑马服

这种服装原本是为适应军人上下马的需求，款式合身，尤其是裤装造型在臀围部分向外隆起，裤脚部分收紧，并配靴子，显得格外精神和有力。

4．色彩（图6-4-4）

按照常规棕绿色代表陆军，藏青色代表海军，天蓝色代表空军。棕绿色又衍生出草绿、墨绿、橄榄绿等色彩，这都是军装风格的反映。卡其色也是军服的标准色，通常给人以野外战场的感觉。

金色和古铜色也是军装风格表现的色彩之一，能起画龙点睛作用。其他色彩还有棕色、藏青色等。在流行中成为男女共用的中性色彩，它和传统的海军蓝、黑色及灰色一样将成为经典色彩家族里的一员。

5．图案（图6-4-5）

迷彩图案融入了自然界的地理环境，它能迷惑人的视线，所以无疑是军装最具代表性的纹样。迷彩由绿、黄、茶和黑色不规则的图案组成。在军装风格设计中，由传统的迷彩色变奏的色调加不规则印花成为一种表现形式。此外海军穿着的条纹水手衫，其蓝白条纹查象征水手和海岸线，在军装风格中兼有帅气和

浪漫感（图6-4-6）。

6．材质

传统军装面料注重高性能、多用途，体现出极强的适应户外战争条件的需要，以质地硬挺的卡其、皮革、斜纹毛呢、GORE-TEX 面料为主。军装风格女装体现面料的多元化，既有常规的卡其、迷彩料，也有现代设计理念的针织、雪纺、各类涂层料，甚至丝织、毛皮、缎纹料等。

7．配饰（图6-4-7）

军帽是军装风格的主要配件，贝雷帽、海军帽、拿破仑式帽、俄罗斯式暖帽、法式圆筒帽、八角帽、大沿帽等常成为设计灵感，设计师进行再创造。此外精神穗带、肩章、肩襻、臂章、勋章、穗带流苏、领带、腰带、皮靴等作为配件也能表现帅气感，并传递出鲜明的军装内涵。

三、军装风格时装流行演变

军装风格于 70 年代登上时装舞台，更多体现在与朋克等前卫时尚的互为交融，但当时还未成为主流时尚潮流。80 年代，随着朋克等街头前卫文化的迅猛发展，军装风格越来越成为一种时尚元素，每隔数年，军装风格都会在女装上留下痕迹。

90 年代中，1999 年春夏 Dior 的时装展特别引人注

图 6-4-8　Dior1999 年春夏的军装风格设计

图 6-4-9　Galliano2001 年秋冬以混搭手法设计的军装风格作品

图 6-4-10　灵感来自于海军的设计，图为 Celine2001 年秋冬设计

图 6-4-11　Valentino2001 年秋冬的军装风格设计

目。John Galliano 取名为"红"，推出了灵感取自 20 世纪 30 年代中国红军军装为灵感的系列设计，设计师采用其一贯的 Mix & Match 设计手法，融入了军装风格和朋克元素。面料选用了"一生褶"，上装为苔青色无袖中式斜襟，下装为宽松长阔管裤，红五星取代了 CD 字样在帽子和肩章上闪现。通过旗袍领、斜襟、饰有五角星的八角军帽等中国元素运用，配上西式剪裁和夸张造型，将军装风格与中国元素有机结合（图 6-4-8）。

　　进入 21 世纪，军装式样在现代时装中日益显现，带肩襻上装、多袋结构、双排扣、茄克款型、宽腰带和绿色卡其色系等成为时尚表现（图 6-4-9）。面料也呈多元化，各类带高科技的新型面料被广泛使用。2001 年和 2002 年，法国品牌 Celine 连续推出了军装风格大衣和茄克设计系列，灵感分别来源于海军水手和空军飞行员着装（图 6-4-10）。2003 年春夏，迷彩图案和草绿色占据 Valentino 女装系列，贴身短装与裤装搭配，外加大领巾、缉线口袋、皮带等细节，塑造出 21 世纪的新女性形象（图 6-4-11）。同年秋冬，JP Gaultier 将军装元素与泡泡袖、高腰裙等结合在一起，体现出另类的可爱。2004 年和 2005 年出现了迷彩服、空军连身裤等装扮。

　　2006 年秋冬，军装风格再次成为潮流，古典华丽的宫廷军服元素随处可见。Balenciaga 推出的军装式样套装、中长大衣，领口、袖口、衣边均以皮毛滚边，体现出奢华感；Giorgio Armani 则在设计中融入了土耳其风味，硬朗的设计多了几分异域风情；Moschino 的军装比较女性化，荷叶边、花朵胸饰等细节柔化了军装的硬朗，女人味十足。而 Castelbajac 的设计继续他的童话般的时尚旅行，肩章、铜质排扣、帅气的小立领或大翻领、收缩的腰身，加上如同白金汉宫卫兵礼貌般的高高的毛皮无边帽，俏皮而可爱。2007 年春夏延续了 2006 年军装风格，Anna Sui 在充满 60 年代风格的女装中加入了织锦装饰的立领、造型和材质各异的拿破仑式军帽（图 6-4-12）。

四、军装风格时装作品分析

1. 中世纪武士风格的现代表现 (图 6-4-13)

　　2007 年 Burberry 秋冬女装发布会上，英国设计师 Christopher Bailey 将品牌为设计触角，以那幅骑乘着战车奔驰着的中古世纪持剑战士品牌 logo 图案为灵感源，金属盔甲、长及膝盖的古罗马式短袖收腰上衣、还有武士比赛时所穿着的荣耀礼服，这些故事性十足的历史元素，都成为 Bailey 在新季节所运用的概念。这些古老的题材在设计中演化为：硕大的金属铆钉装饰、盔甲造型手套和宽大披肩领等冷酷又帅气的细节。图 6-4-13 中设计师将圆桌武士气质与时尚混融在一起，散发出一股柔美中带有阳刚的性感风情。选用军绿色的呢质大衣，分割线上用硬朗的黄铜拉链做装饰，夸张的大翻领造型颇有些震撼力。腰间系上宽版腰带，与宽肩廓型，一张一弛，同样勾勒出

图 6-4-12　Anna Sui2007 年春夏灵感来自拿破仑军装的设计

图 6-4-13　Burberry2007 年秋冬设计

女性优美的窈窕体态。拉链、铆钉等中性装饰是设计师的强调焦点。虽说是中世纪的武士带来的想象，但从中不难感受到英伦朋克的印记，这也正是 Bailey 对品牌改造所要达到的效果。

2．玩偶式军装设计（图 6-4-14）

法国设计师 Jean-Charles de Castelbajac2006 年秋冬的发布作品延续了 Castelbajac 式俏皮幽默的设计风格。这一季，他取材于英伦文化，包括莎士比亚、戴安娜王妃、足球、朋克、嬉皮、英国国旗、白金汉宫卫兵等形象在设计师的手中，变换成另一种截然不同的时尚形态，事实上这是设计师顽童心态的写照。这款设计，设计师尝试以玩具兵的形象调侃英国卫兵。具军装风格的上下装均呈超短结构，整体简洁，用制作毛绒玩具用的材料制成的具有童真气质的玩偶盔帽。超大钮扣与带有手骨骼图案手套带有夸张的成分，格外醒目。色彩上，红色和黑色面积占据大部分，白色作为点缀。Castelbajac 是一位富有激情的设计师，他的服装以自己的方式，表现出独特的魅力，让人们懂得服装并不仅仅是样式而已。

3．军装与解构结合（图 6-4-15）

2006 年秋冬，"解构狂人"日本设计师 Junya Watanabe 给我们带来了时尚界永远风行的军装风格，一个个行走的模特就像作战大兵，整个舞台充斥着军旅绿色、略带血腥的红色、绷带的白色和头盔的金属色。军服式的大翻领，迷彩纹样内衣，配着拉链和钮扣装饰的皮带，Watanabe 虚掩着的张扬，忠实地呈现了活在当下的军事精神。Watanabe 设计的这款宽松上衣，宽口灯笼状袖子故意设计在九分位置，给人一种不合体的垂荡感。衣服上的线迹因拼接而呈现出密密麻麻，连同歪斜的口袋、外翘的袖克夫、不经意翻出的毛边、似枪眼的破洞，构成整款令人难忘的细节。色彩是军绿色，但经处理呈现细微差异，外露的白色和头盔金属色起点缀作用。Watanabe 巧用一根宽腰带将整款繁复的结构予以清晰的整理。

4．混搭式军装风格表现（图 6-4-16）

Gucci 主设计师、意大利人 Frida Giannini 擅长为那些古老经典的元素增添摩登而新鲜的感觉，在 2007 年春夏秀中，Giannini 重点表现军装风格的硬朗飒爽，阐述现代女性把持时尚的深度和真实。狂热炙烈的朋克浪潮下，撕裂的重金属、泛滥的硬摇滚、性感的紧身衣装束、炫耀的鲜亮色调、方兴未艾的黑人街头文化……这些具深刻时代烙印的 20 世纪 70 年代元素被设计师了如指掌。于是，光亮的皮革分割造型、中世纪武士般前胸结构和袖造型、搭扣款式的宽腰带，加上黑色、深灰色、紫色之间的色彩组合，细节处理精妙和耐看。

5．摇滚与军装（图 6-4-17）

美国时装界常青树 Ralph Lauren 的设计没有哗众取宠的结构细节，款式造型经典而永恒，他的设计不只在一个季节流行，而在很长段时间值得细细体味。这款由 Ralph Lauren 在他 2007 年秋冬系列中推出的设计延续其一贯的路线，采用传统的男式茄克造型，翻领结构、宽肩、短腰、V 型结构，搭配美式贝雷帽和宽摆裙装，整体设计俐落干练。肩襻、粗齿拉链、飞行茄克的大口袋和宽皮带的运用点出了军装倾向，而 2007 年大热的金属光感面料的使用凸显出服装的摇滚意味。

图 6-4-14　Jean-Charles de Castelbajac2006 年秋冬设计

图 6-4-15　Junya Watanabe2006 年秋冬设计

图 6-4-16　Gucci2007 年春夏设计

图 6-4-17　Ralph Lauren 2007 年秋冬设计

第七章 20 世纪 80 年代的时装风格

第一节　80 年代风格时装

一、80 年代风格产生的相关背景

经历了 20 世纪 70 年代经济衰退和萧条后，80 年代起，世界经济重处于高速发展阶段，其中以信息技术为代表的技术革命扮演着重要角色，人们物质生活得到极大的丰富。80 年代涌现出大量具现代意识的职业女性，这些战后成长起来的年轻人历经叛逆的 60 年代和 70 年代，在 80 年代享受到因经济腾飞、物质生活极大丰富而带来的变化，她们成为年纪稍大、收入殷实的人群。她们重新讲究享受，其价值观念和生活方式发生了相当大变化。她们渴望个人事业成功，因此物质主义成为生活的中心，由麦当娜演唱、风靡全球的《拜金女郎》正是这种背景的写照。

80 年代对物质的追求产生了商品商标的不同决定了穿着者的地位这一独特现象，消费者开始追逐名牌，商标争相外露，唯恐无人知晓，因为这象征着成功、富有和社会地位。80 年代关于艺术品与商品的界限越来越模糊，对品味化的生活方式的追求已经成为社会大众的需求，时装设计师也不再局限于男女时装设计的范畴，而是介入生活方式的全方位设计，从日常穿戴的一切用品到家居生活用品，从香水、化妆品、箱包皮具、首饰、家居用品，到室内外装潢装饰，甚至其它更宽广的领域，均成了时装设计师的涉足之地。致力于多元化发展的品牌也成了时尚界的巨人，如 LV、Giorgio Armani、Versace 等。

1 . 职业女性的出现

在解放思想思潮影响，70 年代女性陆续进入了职场，开辟了职业女性时代。而 80 年代出现了大规模职业女性现象，竞争趋于激烈，所以产生出女强人服饰形象，这成为 80 年代的主要潮流。具体表现为：身着男士西装风格的套装、戴着墨镜、脚蹬高跟鞋、色彩灰黑，风格中性。这是一个巾帼不让须眉的年代，这是一个女性希望在各个领域与男人一争高低的年代（图 7-1-1）。

80 年代成为女权主义的时代，女性运动、女性解放在各地此起彼伏。80 年代的女权运动造就了一群女强人形象，如 1980 年当选的英国新首相玛格丽特·撒

图 7-1-1　80 年代风格女装，由 Armani 设计

切尔夫人，女歌手麦当娜成为女权世界引人注目的形象偶像。职业女性的涌现使女人们不再固守着过去淑女的、女性化的形象，为了便于工作，女人不得不忍痛舍弃式样繁杂的时装，改着男性化的稳重的制服。这一概念最初是由美国人在 1975 年提出，很快就在全美的职业女性中普及起来，随后又传到了英国、然后传遍整个欧洲。女性在公司里占的比重加大和地位的改变导致了她们着装的改变，深蓝或蓝灰色的简单的棉西装、不戴饰品，几乎不体现出性别特质是一个整体的趋向。职业女装是 80 年代风格表现的重要领域。

80 年代随着世界经济一度复苏，西方传统的构筑式服饰文化又一次受到重视。70 年代末的倒梯形西服这时又回到传统的英国式造型上来，但与以往不同的是人们在这个传统造型中追求舒适感；胸部放松量较大，驳头变大，扣位降低。单件上衣与异色裤子的自由组合很受欢迎。人们在稳重的传统造型中追求

图 7-1-2　宽肩造型女装设计

图 7-1-3　JP Gaultier 为 Madonna 设计的粉红色锥形胸衣

图 7-1-4　80 年代风格女装设计

无拘无束的休闲气氛，以在宽松舒适的休闲味西服中寻找传统美的感觉。在这种背景下，用英国粗花呢制作的田园式服装非常时髦，从此，休闲西服日渐兴盛（图 7-1-2）。

2.新兴的雅皮士一族

西方 60、70 年代的女权主义催生出 80 年代的年轻一族，这批人俗称雅皮士（The yuppie 是由英语中的"年轻的、住在城市中的职业人士 - young urban professional"几个单词的所写拼凑而成）。

"雅皮士"是高科技时代产物。随着生活节奏的加快，北美出现了大量忙于工作的职业人士，他们住在都市中的公寓里，单身。他们有着较高的社会地位、丰厚的薪水，追求独立自由，希望生活有极高的品位，咖啡馆、酒吧是他们休闲的主要去处。他们不一定年轻，但对奢华物品、高级享受的追求依然热情十足，衣着讲究，修饰入时，处处透露出他们所拥有的良好生活状态。男性的雅皮士常常穿双排扣的西服，牌子主要是 Armani、BOSS、Ralph Lauren，肩部有很高的垫肩，并以此来显示其个人品质高尚、讲究和有品味。女性雅皮士服装也同样裁剪精良、用料考究，有着宽而棱角分明的肩（用大垫肩），也有着直而硬的廓型，下配长裤，一副强势女人的形象。

3.设计理念逐渐趋于前卫

80 年代高级女装业日渐式微，秉承的传统古典美学创作手法受到质疑，数家老字号精品店的相继关门歇业，说明单一表现女性柔美典雅风格已不适应时代

的要求，人们穿着得更轻松随性了。而 70 年代涌现出的具前卫设计理念逐渐成为最新潮流，中性化渐渐成为一种趋势，女性广泛穿着衬衫、宽松茄克、西装背心、裤装、职业装、运动装，女性也以"帅男孩"形象表现自身，从外表到性格都越来越男性化。此外一股内衣外穿（underwear-as-outwear）风尚迅速蔓延开来，英国设计师 Vivienne Westwood 开创先河，1981 年她在巴黎发布了"海盗"系列，将胸衣穿在外套上，率先开创了这股时尚潮流。法国设计师 JP Gaultier 更将此设计思想发扬光大，1990 年他为歌星 Madonna 设计的粉红色锥形胸衣，经由 Madonna 全球演唱会将内衣外穿风潮传播至世界各地（图 7-1-3）。

80 年代时装设计风格完全趋于多元化和多样性，古典与前卫并存，主流和非主流文化比肩，具 20 世纪末的设计风格特征日益显露出来，如解构风格及与之相伴的中性风格、简约主义，它们在 90 年代呈现主流方向。

二、80 年代风格时装设计解析

1.风格（图 7-1-4）

80 年代风格突出了女装的职业化。80 年代是职业女性不断涌现的年代，女装呈现出向男性化靠拢的迹象，在服装结构、造型和细节上的表现尤其强烈。三件套套装（上衣、裤子或裙子、衬衫）是 80 年代的产物，这种源自于男装的着装形式本身体现出浓浓的女装男性化倾向。此外在 80 年代人们崇尚户外生

图 7-1-5　造型宽大的 80 年代风格女装

图 7-1-6　V 字造型女装

图 7-1-7　80 年代女装既经典优雅又休闲实用

图 7-1-8　80 年风格代女装在设计上主要集中于上半部分，忽略下身

图 7-1-9　宽肩是 80 年代女装主要表现，图为英国王妃戴安娜身着宽肩外套

图 7-1-10　高腰结构

活和运动，服装趋于休闲化。

80 年代风格还有奢靡一面，这是因为物质女郎的盛行使时尚业沾上了浮夸的色彩，闪闪发亮的色彩、艳俗的烟熏妆都带有夸张成分。在服装具体表现上，80 年代风格的总特征是大、甚至是巨大，外轮廓造型、款式细节，甚至服饰配件都呈现宽大特征，这也是 80 年代风格与其他风格的主要区别。

2．造型（图 7-1-5）

80 年代风格造型改变了以往服装上小下大的造型，呈现上大下小的 V 字造型。因为借鉴了男装的工艺结构，在服装内装肩垫加宽肩部，有棱有角，方方正正，腰部略收，裙装或裤装呈紧紧的铅笔状（图 7-1-6）。

3．款式（图 7-1-7）

80 年代女装灵感来自于活跃自我意识强的女性，既经典优雅又休闲实用，套装和大衣保持男装轮廓和细节。晚装很女性化、很优雅，有的柔软飘逸、有的紧身贴体，配以紧身的、展开的或膨起的裙子。年轻人的服装有明显远离朋克破烂装的趋势，而趋向于更加整洁更加创意。

80 年代女装款式在设计上主要集中于上半部分，忽略下身。同时因为体型关系，女性天生锁骨凹陷，加装肩垫正好弥补并抬高肩线，营造出女装独有的力感，非常适合职业女性的穿着（图 7-1-8）。裤装作为男性的专有物也成为女性的常用单品，如果说 60 年代 YSL 的烟管裤还流行在上流社会，那么 80 年代的裤装则在一般社会阶层大规模流行，裤装成为 80 年代风格的主要特征，在 1987 年加肩垫的女装已成为职业女性的标准扮。2007 年秋冬流行的 80 年代风格更加强调对比，如宽大造型外套配紧窄长裤，或简单紧身衣配有夸张造型的袖型和肩部。

宽肩

肩部是 80 年代风格女装的主要表现，造型夸张宽大。女装宽肩的式样在 80 年代初推出，这种类似橄榄球队服的宽肩设计配上宽松的袖子活动自如，并可以搭配任何服装，包括各类裤装和靴子（图 7-1-9）。

2007 年至 2009 年，80 年代风格的宽肩再次流行，较之以往，此次宽度有过之而无不及，甚至脱离肩部，以外加支点支撑，形成庞大的体积感。宽肩搭配大领、摇曳大裙摆，组合在一起形成夸张的新比例，造型起伏大而视觉冲击力强。

腰部（图 7-1-10）

高腰结构是 80 年代具有代表性的服装特征之

一，它是伴随着职业女性的壮大而出现的。风靡 70 年代的裤装至 80 年代继续流行，并逐渐演变为高腰结构，各类搭配的衬衫被塞在高腰裤的腰头里，高腰上搭配宽腰带、腰饰等，这既能提升女性的线条，又能强化女性的帅气。

80 年代女装大多呈松腰结构，呈现男装特征。也有极细的蜂腰，在展现男性味的阳刚同时流露出女性的性感（图 7-1-11）。

袖型（图 7-1-12）

泡泡袖造型硕大、伴有童真般的梦幻感，但泡泡袖并非儿童专利，在 70 年代女装已经广泛运用泡泡袖设计，80 年代设计延续了 70 年代泡泡袖情结，为个性张扬的女装设计平添了一份浪漫情趣。在 2007 年 80 年代风格设计中，造型各异的泡泡袖加入了硬朗色彩，设计师通过不同的材质运用打褶、抽褶、缉省等手法表现出不同宽体造型感。

80 年代风格中，蝙蝠袖也是一大特色。风靡 80 年代的美国电视剧《王朝》和《达拉斯》中人物穿着有一个共同的特征，即在袖子部分的奢侈用料，这一时髦创举后来被形象地称为"蝙蝠袖"，而这样的服装也就是随后风靡全球的"蝙蝠衫"。垫宽的肩部是款式的重点，袖子通常使用安哥拉马海毛。

领型（图 7-1-13）

80 年代时装的领型基本是男装的翻版，如西装翻领或立领，规整而严谨。在 2007 年 80 年代风格女装表现的是大大的翻驳领造型，甚至超出脸面大小，如各种男式西装领型经构思后向外延伸，这种夸张结构符合整体服装的造型要求，符合职业女性的形象特征。

4. 色彩（图 7-1-14）

80 年代是动感的年代，亮丽鲜艳是 80 年代风格的最佳体现，伴随着迪斯科的普及而流行。80 年代的色彩显得比较浮躁，鲜粉色、亮橙、鲜黄及金银等都是设计师喜欢用的，以此衍生出荧光鲜亮的视觉效果。2007 年春夏 80 年代风格在色彩上呈现五彩斑斓的霓虹效果，无论服装还是配件均亮丽夺目。

5. 图案（图 7-1-15）

80 年代千鸟格、圆点和条纹是女装主打图形，它们伴随着职业女性的发展而流行，并成为经久不衰的经典时尚纹样。千鸟格纹样因呢料的织法类似猎犬的牙齿而独具特色，黑色、灰色的千鸟格呢料饱含沉稳个性，受设计师的普遍欢迎。几何印花图案在当时

图 7-1-11　呈蜂腰结构的女装设计　　图 7-1-12　别致的袖型设计

服饰上很常见。

2007 年春夏女装回归 80 年代纹样，大量的粗细条纹等几何图案、造型各异的花朵、圆点、格子等在流行舞台上尽情绽放。几何纹在服装上的应用也变幻出不同风格：不规则交错的格纹形成几何图案、或正或斜的重叠格纹、大大的方形格纹、菱格纹甚至不规则交错的格纹等。

6. 材质（图 7-1-16）

呢料是表现 80 年代女装的主要材质，它适合于外套、裤装和大衣。呈现炫耀、浮躁感觉的有机材料漆皮是 80 年代的典型材质，它本是摇滚乐的产物，但是伴随着摇滚乐的辉煌和麦当娜等歌星的推波助澜而大热，也将漆皮内衣、漆皮高跟鞋带给世人。此外奢华效果的亮缎、毛皮和作为装饰用的是闪光亮片、宝石等都是常用材质。

7. 配饰

80 年代流行造型夸张幽默的视觉效果。配合宽大的造型，配件也是超大的。人们喜欢戴闪亮的大配饰，金色的、镀金的耳环甚至是耳环大小的扣子放在服装上以吸引人注目。80 年代钻石、珍宝和金项链都是搭配主角，此外色彩艳丽的塑料耳环手镯格外流行，造型均呈放大感，巨形耳环甚至能够一直垂到肩膀上。金属感觉的耳环、扣子都曾流行于 80 年代。

款式上的高腰结构伴随着宽腰带出现，它是 80 年代风格主要配件（图 7-1-17）。2007 年宽腰带风行，众多设计师纷纷尝试了各种不同宽度的腰带，甚至设计超宽装饰性腰带，既果敢又妩媚。漆皮高跟鞋同样在 80 年代曾大放异彩。

8. 发式

类似 60 年代蓬松造型的发式如蓬蓬头、BOB 头、蘑菇头在 80 年代是流行主角（图 7-1-18-1、图 7-1-18-2）。

三、80 年代风格女装流行演变（图 7-1-19）

80 年代女装在设计上带有男装特点，注重轮廓结构，忽略细节装饰。这种风格一方面演化成女装男性化，另一方面随着 80 年代末掀起的简约主义和解构主义风潮而被取代，并于 90 年代发展为中性风格。

21 世纪，带女强人强势表现的 80 年代风格趋于运动和街头化，设计师更多考虑户外的使用，虽然还是 80 年代的造型，但款式和细节呈现轻快和另类特征，色彩多样化，如 2001 年秋冬意大利品牌 Blumarine 的作品所传递的户外感觉、比利时设计师 DV Noten 极具青春活力的设计（图 7-1-20）。2003 年秋冬的女装 T 台上已出现超大尺寸趋势，Victor & Rolf 的建筑风格造型，Galliano、Westwood 和 Ungaro 的巨型外套都预示着宽大外形的流行即将到来。2007 年，80 年代风格如潮水般再次复兴，宽肩套装、高腰裤装、泡泡袖、漆皮制品（漆皮装、漆皮裙、漆皮高跟鞋、漆皮包、漆皮手套）充斥着 T 台，所不同的是，21 世纪的复古不再是 80 年代的疯狂摇滚女郎的翻版，而是配上盘发、灯笼袖，体现出女性典雅味。巨型是 80 年代的特点，但与此相比，2007 年被称为 Volume 风格的流行更加注重材质的体积感塑造

图 7-1-13　立领　　　　　　　　图 7-1-14　闪光的金色

图 7-1-15　点纹　　　　　　　　图 7-1-16　毛皮是 80 年代风格表现的主要材质

图 7-1-18-1　BOB 头发型

图 7-1-17　宽腰带配饰　　　　图 7-1-18-2　蘑菇头　　　图 7-1-19　性感的 80 年代风格表现，图为 Gai Mattiolo2001 年秋冬设计　　　图 7-1-20　Noten2001 年秋冬 80 年代风格设计

和追求多变的造型形式，如领、袖和口袋等部位的造型。设计师们从 70 年代和 80 年代的蝙蝠女郎形象中寻求灵感，并务求使之感觉焕然一新。材质不再是针织面料，其他各类材质都表现出蝙蝠衫的不同造型和效果，如 J-Pual Gaultier 2007 年春夏设计中大量使用了真丝针织织物和皮革等美丽而奢华的面料。2009年秋冬时装除了延续之前的 80 年代宽肩造型外，设计师还注重腰部曲线表现，此外裙装突出体积感，并结合古罗马衣褶效果，使女性兼具坚定与浪漫的双重性格，赋予 80 年代风格新的内涵（图 7-1-21）。

如果说 2007 年流行的 80 年代风格是由之前流行的 60 年代的未来主义风潮留下的痕迹，那么所表现出的来自于机器人、外星人、建筑等灵感的设计直接催生出女权主义倾向，如硬朗的廓型，简洁的线条，单一的色彩，而这又为下一波的迪考风格（Art Deco）的流行作了铺垫。

四、80 年代风格时装作品分析

1. 呈现性感与妖娆的 80 年代风格表现 (图 7-1-22)

法国经典品牌 Ungaro2007 年的秋冬舞台上，设计师 Peter Dundas 延续了春夏季的性感与妖娆，凸现了 80 年代的艳丽与热情，设计师以具体的体积感塑造，同时减少细部的雕琢。在这款裙装设计中，Dundas 摒弃了曾经的夸张印花图案和艳丽色彩，用淡雅的浅橙色调和精准的裁剪，展现摩登又性感的俐落线条。作品中，既有以优雅著称的 Ungaro 风格的流露，也融入了 Dundas 从 Roberto Cavalli 带来的淫逸情调。设计师在胸前设计宽大裸露，紧身胸衣式的结构紧束腰间，袖肩夸张高耸，袖口呈灯笼状，其间的线条构成强烈的视觉反差，这些都具有 80 年代服装特征。胸前随意飘动的抽带为原本体积造型塑造带出轻柔感。

2. 80 年代风格与未来主义的结合 (图 7-1-23)

在 Balenciaga2007 年春夏系列中，法国设计师 Nicolas Ghesqui è re 延续 80 年代的热潮，同时结合了对太空的构想。Ghesqui è re 将 Thierry Mugler（蒂埃里·穆勒）和 Jean Paul Gaultier 在 80 年代对太空的热衷，又向前推进了一大步，机械质感的形象从另一个极端同样撼动了巴黎的秀场。机器人造型、汽车零件和男孩化的阳刚轮廓，是用来打造未来感视觉效果的基本元素。这款套装以硬挺的黑白拼色短打茄克、紧身白衬衫、超大的浅褐色护目镜、金属腰带、黑色紧身长裤，把观者拖向冰凉的未来机械世界中，仿若是来自未来时空的机器人。让人不禁联

图 7-1-21　Chloé2009 年秋冬带有浪漫感的
80 年代早期风格设计

图 7-1-22　Ungaro2007 年秋冬设计

图 7-1-23　Balenciaga2007 年春夏设计

图 7-1-24　Marni2007 年秋冬设计　　　图 7-1-25　Stella McCartney2007 年秋冬设计　　　图 7-1-26　Derek Lam2008 年春夏设计

想到阿诺德·施瓦辛格主演的《终结者》，还有 1982 年首部将电脑特技和真人表演结合的电影《仪器》。硬挺的肩线、直线的裁剪、细直的嵌线都像是用镭射裁过一般精确。

3. 80 年代风格的现代时尚 (图 7-1-24)

意大利 Marni 品牌整体体现出低调的奢华，但不卖弄和炫耀。这款 2007 年秋冬系列罩衫式短外套设计，充分体现具有 80 年代风格的现代时尚。设计师大量运用夸张对比手法，特地采用柔软的高科技面料，塑造的廓型随意外张，夸张的袖肩与紧窄的束领形成对比。搭配具 80 年代风格的帅气宽皮带，与裤装呼应，但轻与重，哑光与闪光，柔软与坚韧，对比强烈的不同面料再次同台撞出火花。配饰方面也别具匠心，色彩丰富的重金属设计为深色调的服装带来了一抹彩色的亮点，并理所当然成为设计的视觉中心。

4. 具运动休闲感的 80 年代风格表现 (图 7-1-25)

英国设计师 Stella McCartney 的设计没有浮夸，没有造作，追求平实而明朗，她习惯了用简洁坦率来对待自己的时装品牌。2007 年秋冬发布，Stella McCartney 汲取 80 年代的垫肩造型和美国足球队服

的灵感，用宽肩、宽袖，描绘出活力四射的轻松愉快的女孩儿形象。西式外套搭配柔软舒适的开司米裙装，这是 Stella McCartney 最喜欢的休闲风格。这款服装外形随意，线条松软，还有围巾的松松围系，设计师刻意营造出"宽"——这是 80 年代时尚真谛，同时也是 Stella 品牌所欲追求的。深灰和黑色组合因为提花围巾的点缀，一点也不显得有沉闷的感觉。

5. 80 年代风格的复古风情 (图 7-1-26)

美国华裔设计师 Derek Lam2008 年春夏作品延续了 80 年代风尚，其创作灵感源自于已故的时装影像兼电影摄影师 Guy Bourdin (盖·伯丁)，Guy Bourdin 仿佛是时尚影像大师 Helmut Newton (赫尔穆特·牛顿) 的另一面，他年轻，充满了活力，新鲜，具有不凡性格。在 Derek Lam 的设计中，可以明显感受到复古又狂放的摩登风格。这款三件套服装造型呈典型的 V 型，宽肩短衫、超短裙、短裤自由搭配，摇曳生姿，宽松的袖子尽显自在和悠闲。粗细不同的细条纹、格纹分割组合成大小不一体块积，以明度适中的苔绿色互为穿插协调，组成一幅视觉愉悦的图形，倍添复古风情,所有的剪裁与细部处理皆细腻而时尚。

第二节 女装男性化风格时装

一、女装男性化风格产生的相关背景

女装设计男性化倾向产生于 20 世纪初，两次世界大战改变了女装传统审美，奠定了女装男性化发展雏形。第一次世界大战后，随着大批妇女走向职业市场，女装开始盛行结实耐用、穿着方便，带男式风格的工作衣，加上现代户外运动的出现，借鉴男装款式特点的女装成为时尚（图 7-2-1）。30 年代女子着装观念已出现变化，男性化的女装设计在一部分妇女中相当受青睐（图 7-2-2）。40 年代女装更加突出了实用，受战争影响的带军装元素的款式非常普及，如制服式工装背带裤、外型棱角分明硬挺的套装。女式发型流行男童式风格，具假小子气（图 7-2-3）。

自 70 年代起，设计师将设计触角频频伸向这一领域，YSL 无疑起了推波助澜作用，他将长裤、外套、风衣等男装设计元素引入女装设计中，线条严谨、裁剪精良、简便合身，带有浓郁的男性风格。YSL 借鉴男式无燕尾礼服，推出了无尾女式裤装礼服，此举拓展了女装设计的视野，开创了女装男性化风潮先河（图 7-2-4）。他设计的长裤女式套装逐渐改变女性不穿长裤上班的传统，塑造出职业女性的新形象。追求男女平等是 70 年代女装男性化的社会基础，无论对服装持何种态度，但对牛仔服装这一中性风格获得大众的一致认可，这促进了女装男性化的发展。

在 80 年代，由于独立意识的增强，职业女性逐渐在社会各界中占据了与男性平等的地位，并获得了与之相配的经济地位。为适应这一变化，设计师们借

鉴男装工艺，并拆掉西装的衬里，设计了一系列女装男性化风格作品，女装男性化逐渐成为主流。

1. 社会、经济、心理因素

现代社会变迁的一大重要标志是男女在社会地位上的平等，传统的社会价值观为多元化所替代，阳刚不再是男性的专利，女性同样可以表达出坚强特性。在服装上表现出性别上的模糊，因此超越传统观念，产生新时代兼有男性特质的新女性成为必然。

女装男性化与经济因素密不可分。两次世界大战后，由于经济原因，大批妇女脱下围裙走出厨房，大规模地进入办公室，成为现代社会标准的职业妇女。为了与原先占领导地位的男性一争天下，职业女性在服装审美上倾向于传统男装风格，以此求得获取社会认可和平等地位。

现代人推崇个性和表现自我，服装正是一个重要媒介，它能最大化地表现自己的观点、喜好。与传统女装审美完全相反，男性化风格女装能有效展现与众不同的穿着风格，获得他人的注意和赞赏。

与传统风格女装相比，帅气的女装带有一股男性力量和硬朗，在心理里能给柔弱女性增添一份自信。对于处于日趋激烈的竞争社会的职业女性，男性化风格女装正是弥补其信心不足的最理想形式。

2. 女装男性化风格与中性风格的联系与区别

女装男性化风格与中性风格既有联系又有区别，作为女装风格的表现，中性风格和男性化风格是一对孪生姐妹，彼此互相影响。两者使现代女装风格更趋

图 7-2-1 20 世纪 20 年代设计师 Jean Patou 设计的带运动感的裙装

图 7-2-2 30 年代男性化女装

图 7-2-3 1941 年穿男性化套装的女子

图 7-2-4 1975 年 YSL 设计的吸烟装颇具男性化特点

图 7-2-5　体现男性特征的女装设计

图 7-2-6　呈上宽下窄外形的设计

图 7-2-7　以男装结构构思的女装设计

图 7-2-8　追求肩部造型的设计

多样化，更符合当代时装的发展趋势。

男性化风格女装以男性服装为基础，以强化男性特征为内涵，突出强调男装特征。但这种风格不是生硬、机械地搬用男装款式，让硬帮帮的男性因素加入女装，或引导男女可以共用款式和风格，轮流享用同一件衣服和同一条裤子，而是对男装元素精心选取，并进一步改造，立足男装款式、结构、工艺等，使男装固有的功能主义和简洁风格设计转化为具有女性情调的利落和帅气，让女人穿上女装男性化风格服装看上去有英姿飒爽的效果。

与女装男性化风格一样，中性风格也借鉴了男装元素，服装兼具男性的帅气又有女性的柔美，是两者的混合体，无论是造型、款式，还是色彩、面料、图案等方面均适合男女。中性风格女装传递的是雌雄同体、男女共性的服饰风貌，体现在造型、款式、线条的男女共通性。

二、女装男性化风格时装设计解析

1. 风格（图 7-2-5）

由于生理上的差异，男女体型呈现不同的外形，男性身躯硕大、肌肉结实，而女性身材娇小、曲线优美，相对应的传统审美，男性表现为硬朗、简洁、英武、张扬和潇洒，而女性表现为优雅、端庄、温婉、华丽、装饰性。男性化女装风格抛弃了对女装的传统审美，而转向男装。

2. 造型（图 7-2-6）

男性化女装在造型上主要借鉴典型男装外形特点，突出女性曲线、强调外形夸张的廓型被完全摒弃，而代之以直线型的体态，通过采用直线裁剪、使用垫肩夸大肩宽、取消收省收腰结构等手法，形成上宽下窄外形，强调体积感。

3. 款式（图 7-2-7）

男性化女装借鉴男装的设计特点，没有过多的装饰运用，强调穿着功能性，整体感强。在结构处理上，男性化女装舍弃了收省、收腰、高腰节、曲线处理等传统女装设计手法，更多体现出体块感。同时也舍弃裙装这一最具女性魅力的品种，代之以裁剪利落的裤装。在具体设计上，则完全借鉴男装款式、结构和搭配，如传统男装品类：西装、风衣、大衣、裤装等，而搭配硬挺的衬衫衣领和领带，最具男性化女装典型特征。

领部

在领部，无论是翻领、西装领或呈枪驳造型领子，均线条笔直，通过运用男装工艺使领子表面平挺服贴。

肩部

平挺的肩部具有男性化的特征，男性化女装是通过垫肩的运用而取得，一般采用垫肩垫高和加宽，满足 V 字体型塑造要求（图 7-2-8）。

细节

男性化女装较多采用直线条，在版型上完全借鉴男装结构造型，特别强调尺寸的放大，无论是外轮廓，还是具体的领型、袖型、口袋、门襟、袖口克夫、腰头等都体现男性的审美特征。

此外男装独有的缉线工艺也是细节表现，一道、两道甚至三道缉线常常能增强服装的整体性和秩序感。

4. 色彩 (图 7-2-9)

男性化风格女装在色彩上以男装常用的单色、暗色为主，如黑色、各类深灰调色彩、灰色、米色等。

5. 图案

条纹、格纹是主要图案，此外具有视觉震撼力的图腾、各类动物纹样、各类抽象图案等也很常见。

6. 材质

男性化女装注重面料的外观效果，手感厚实、质地挺刮、表面有粗糙肌理效果的粗纺呢绒是理想材质，此外还包括皮革类、棉织品、丝绒等（图 7-2-10）。

7. 配饰 (图 7-2-11)

男性用的领巾、领带、长短统皮靴、宽皮带、墨镜等均适合男性化女装风格表现。

图 7-2-9　以黑白为主的色彩设计　　图 7-2-10　质地硬挺的面料运用

三、女装男性化风格时装流行演变

女装男性化风格在 90 年代因简约主义风格、解构主义风格的流行而异化，表达出雌雄同体的中性趋势，虽然带英武之气的军装风格曾盛行一时，但总体而言 90 年代的女装已演变成中性风格。

21 世纪时尚表现为混搭（Mix & Match），各类风格、款式互相交融，同时男女性别的混融也成为时尚。女装男性化风格常融合其他前卫风格，如朋克、摇滚、哥特等，服装的细节表现更加丰富，如采用磨破外套、空洞的袖管、褶皱处理、具鬼魅感的黑色等手法。2001 年秋冬意大利设计师 Marras 的设计以男装为主线，设计出带有男性的刚毅、坚强的效果（图 7-2-12）。2002 年春夏 McQueen 在他个人首次发布会上推出了宽肩造型女装，设计具有浓烈的男性化特征。

图 7-2-11　以男用饰品作搭配的设计　　图 7-2-12　Marras2001 年秋冬的男性化风格的女装设计

四、男性化风格女装作品分析

1. 表现帅气的女装男性化风格设计 (图 7-2-13)

意大利品牌 Belstaff 以防水外套和适合作战的面料特性开发而享誉全球，设计师 Malenotti 是疯狂的摩托车迷，他将摩托车的酷感也带到了设计中，阳刚冷酷气质随处可见，他的设计既时尚又实用。Belstaff2007 年秋冬的设计将最具体现其品牌特色的皮革作为系列主打，展现出一种低调、典雅也十分现代的摩登风貌，使 Belstaff 原本就阳刚冷酷气质更是迅速升级。廓型呈典型 V 字，外扩的肩线极具张力，外翻的大领子、斜向的门襟、斜向的拉链、腰部结构和裤装搭配都加强了视觉的斜向感，增添了男性的帅气和力度。面料质感的处理是这套服装的亮点，硬朗

图 7-2-13　Belstaff2007 年秋冬设计

图 7-2-14　Chanel2003 年春夏设计

图 7-2-15
Ralph Lauren2007 年春夏设计

图7-2-16　Salvatore Ferragamo2007 年秋冬设计

的皮革通过闪亮钻饰点缀反衬出女性的典雅与柔美。

2．Chanel 式的女装男性化表现 (图 7-2-14)

Chanel 品牌代表就是 Chanel 套装。Chanel 套装有两件套和三件套，其式样源自男装，典型特征为：四个口袋的外套紧身收腰，剪裁线条自然流畅，饰以精细的滚边，金色的钮饰，袖子为九分袖长，裙长及膝。这款 Chanel2003 年春夏设计大体保留 Chanel 套装的基本风貌，但以阔体裤装替代及膝裙，一改文静的淑女装扮，男性倾向较为明显。

3．结合男装形式的优雅表现 (图 7-2-15)

美国设计师 Ralph Lauren 的品牌理念源自美国都市文化：舒适而不引人注目，但品质上乘。世界大都会纽约赋予一直生活在此的 Ralph Lauren 以别样情调，每季作品都可发掘出这种韵意。2007 年春夏系列设计立意为优雅赋予新定义，以其独特风格延续品牌的优雅姿态。灵感来自英式皇家狩猎 party 盛会装扮以及大英帝国昔日的北非与印度殖民情调，作品表达出独特的都会休闲风。面料以上乘的质料为主，如柔软的手织面料及金属色系的呢绒等，倍添贵族气度，加上绝不掉以轻心的结构性剪裁，以线条道尽女性美态。这款作品充分体现 Ralph Lauren 老到的设计手法。黑白细条纹的马甲背心外罩在男式剪裁白色线条衬衫外，下搭宽口纯白运动裤，清新可人而兼有中性感。端庄典雅的马甲剪裁兼具男装版型，以细腰设计突出女性的曲线。整体色调以黑白灰为主，黑马甲、白领、白袖口、白裤，加上宽檐绅士帽黑白两色配合，变化的是灰色条纹的粗细和深浅，白色占到较大面积，有夏季明快的节奏感。虽然是男装的形式表现女装，但 Ralph Lauren 在这黑白灰基调中，仍然幻化出迷人的女性风采。

4．具男性化风格的裤套装设计 (图 7-2-16)

Salvatore Ferragamo2007 年秋冬的设计中，我们更多感受到的是尖锐逼人的阳刚气息和现代感，具 80 年代风格的合身小西装搭配大码宽腿裤，收腰剪裁、腰间有着别致的打折。主设计师 Graeme Black 在设计中添加入少许男装的设计元素，像翻折边的裤口、直线条的版型、厚重感的中帮靴等，将富有曲线美的时装置于考究的剪裁中。这款裤套装设计，上身合体，裤装宽松。披风式的领型线条流畅，突出肩膀的宽大造型，与宽袖口相呼应，大女子主义压倒性的气势似乎更胜男性一筹。Black 非常巧妙的将棕色融合在它充满阴柔魅力的整体线条中，不仅让人丝毫不觉严肃沉闷反而透露出隐约散发的成熟韵味。

第三节 预科生风格时装

一、预科生风格产生的相关背景

预科生风格又称学院风格，它源于 20 世纪 50 年代至 60 年代初美国贵族阶层，是一种体现教养和低调的打扮，后成为"乡村俱乐部时装"。

在年轻一代充满反叛意识的 70 年代，前卫颓废的朋克风格影响力日盛，由此而形成的坏孩子形象让社会精英阶层思考如何抵御。一种与此相对的"好人"服装风格于 70 年代晚期在美国北部像哈佛、普林斯顿、耶鲁等美国名校兴起，并在 80 年代初开始流行，这种干净、整洁的服装形象称作预科生风格，它模仿"常春藤联盟"东部名牌大学学生们的穿着而设计（图 7-3-1）。

图 7-3-1　美国大学校园学生

这一风格的出现给服装界带来一阵清风，正气向上感的形象深受美国、加拿大收费昂贵住校生的喜爱。在欧美国家，校风严谨的中小学校的校服设计都带有预科生风格。预科生风格还有英国版和法国版，戴安娜王妃在婚前是此种风格的典范，而法国则是 BCBG——bon chic、bon genre，是标准的布尔乔亚喜爱的服装风格。

1．着装理念（图 7-3-2）

预科生风格穿着者为受过高等教育，遵循传统审美原则，处事低调，并带有一丝羞涩感，但乐观向上，友善助人，追求高品质的生活质量。他们以不犯错误为原则，因而不会选择标新立异的款式和争奇斗艳的颜色，遵循固定的穿着原则和搭配规律，永不出错但总有惊喜。根据当时预科生风格守则，一个标准女生的衣橱应有苏格兰方格呢短裙或格子花呢短裙、运动茄克、两件套运动衫裤、各种风格裙装、珍珠饰品、Loafer 便鞋、夏天穿的百慕大短裤。

图 7-3-2　低调是预科生风格女装的主旋律

预科生风格服装带有制式感觉，是基于保守、老派、正统的中产阶级思想而产生的。与充满反叛精神的朋克们相反，预科生风格穿着者遵守社会法则，坚持舒适第一的着装理念，追求平凡的穿着效果，在平凡中显出品味和富有。

2．生活理念（图 7-3-3）

预科生风格穿着者讲究生活品味，家中不会有炫耀的名画和高档电器，而书籍、摇椅、壁炉、毛毯、雪茄、威士忌是日常必备，在静谧的豪宅享受其生活。同时具有良好的生活习惯，每天洗一次澡，吸收足够的水份，不暴饮暴食，保持进食平衡。同时热衷于健身和运动，在繁忙工作同时挤出时间，从事行走、骑车、打球、骑马等活动，尤其喜爱滑雪、出海航行。旅行也是必不可少，尤其崇尚于户外的生活，在海边或山上呆一段时间，放松自我。

图 7-3-3　以户外和运动为特征的预科生风格设计，Tommy Hilfiger 2014 年秋冬设计

图7-3-4　纯朴自然的预科生风格女装

图7-3-5　呈现自然造型的预科生风格女装

图7-3-6　衬衫、V领毛衫和裤装搭配属经典的预科生风格打扮

图7-3-7　款式简洁的预科生风格设计

二、预科生风格时装设计解析

1. 风格（图7-3-4）

或许受校园宁静安逸生活的影响，预科生风格服饰着力塑造出奇的清新和整洁形象，犹如一尘不染。在设计上，总体倾向带有清纯、轻松、随意的感觉。

2. 造型（图7-3-5）

以自然的穿着形态为特征，不突出身体体形曲线，因而造型基本呈H型或自然造型结构。

3. 款式（图7-3-6）

款式设计极端受限制，力求简洁大方，没有过多花哨细节，无设计趣味可言，给人以索然无味之感。同时注重结构，讲究穿着合体，体现材质精美，塑造完美品质。

款式以基本款为主，如条格纹棉布衬衫、翻领马球衫、无袖背心、连帽卫衣、V型领毛衣、圆领套头衫、牛仔裤、翻边短裤、宽松带风帽粗呢大衣等，整体外观呈多层次结构（图7-3-7）。具有运动感的白色鸡心领板球毛衣领口镶有彩色条纹，是其中最基本款式，甜美可爱的百褶裙、整洁的白色长裤、工装裤也是预科生风格的代表款（图7-3-8）。

胸前的Logo和精致徽章作为少有装饰手法常常点缀在服装上。如是针织衫，衣领、袖口的罗纹常以简单的色条与服装整体色相呼应。

代表性单品

（1）裙装

分为连衣裙和裙子，裙长各异，包括短裙、及膝裙和长裙。连衣裙主要为U型或圆型领，造型宽松自然，腰间密集细褶。图案为碎花、格纹或条纹类。

图7-3-8　经典的预科生风格打扮

图7-3-9　融入毛衫菱形图案特征的衬衫，Tommy Hilfiger 2013年秋冬设计

（2）毛衣（图7-3-9）

包括菱形花纹毛衣、鸡心领领口镶色条纹板球毛衣，这些都是最基本款式，带有运动感和户外特征，图案和色彩悦目。一般内搭衬衫，常在户外休闲活动或打高尔夫和网球时披在肩上。

（3）针织开衫

这类开衫前开襟，款式简单，领、门襟、口袋等镶色，与白色、灰色或蓝色衣身互为衬托，配色醒目。开衫搭配一般配衬衫和牛仔裤，是预科生风格典型打扮。

4. 色彩（图7-3-10）

强调基本、简单的色彩，如红、白、蓝和褐色等沉稳中性的色彩。色调明亮，粉色居多，尤其是质嫩的米白、绿、粉红、天蓝、海军蓝等。讲究色彩的相互配搭，以此追求变化，如领面、袖口的镶色。

5. 图案（图 7-3-11）

图案以简单基本构造的方格纹、条纹、波尔卡点纹、碎花、佩兹利纹样为主，典型代表为苏格兰裙的大方格图案。一般通过与素色款式的搭配以体现出服装的变化性和整体美感。

6. 材质（图 7-3-12）

预科生风格对材质要求及其严格，主张百分之百的纯天然织物，不容忍一丝合成纤维。质朴的棉织品是主要面料，包括牛津布、斜纹棉布、苏格兰格子布等，此外还包括纯羊绒、法兰绒、泡泡纱、纯羊毛织物。

7. 配饰（图 7-3-13）

在预科生风格设计中，配饰的运用舍弃了珠光宝气，而起到非常关键的作用是像珍珠项链、领带、徽章、背带、格子布皮带、羊毛围巾、书包、学生便鞋、坡跟皮鞋和宽边眼镜等看似寻常的配件，使整体更具品味。

三、预科生风格女装流行演变（图 7-3-14）

20 世纪 80 年代初，Ralph Lauren 推出的 Polo 衫运动系列，迎合了热爱运动和提倡健康的美国人口味，也带动了预科生风格服装的流行。Calvin Klein、Donna Karan 和 Tommy Hilfiger 以及 Lacoste 品牌经常设计预科生风格作品。80 年代末 90 年代初，预科生风格演变为全球性的休闲风，预科生风格不限于年轻人，其他各个年龄层也加入到这股流行潮流中。

2006 年春夏预科生风格走上前台，米兰和纽约时装周上均呈现一派大学生模样打扮。在 Marc Jacobs 的发布会上，伴随着军乐队演奏开场，女生式的吊带裙、白衬衣、V 字领毛衣和直筒裙相继登场。Tommy Hilfiger 的设计向来带有预科生风格，他的 2007 年秋冬设计有衬衫式裙装、褶裥圆裙、背带连衣裙、连帽呢大衣、百慕大短裤等，由于亮丽色彩、闪光面料和别致的搭配将原本拘谨感的预科生风格

图 7-3-10　体现预科生风格的蓝色调运用

图 7-3-11　简单的条纹运用

图 7-3-12　棉质是预科生风格服装主要面料

图 7-3-13　体现预科生风格的简单配饰

图 7-3-14　清新、纯朴的预科生风格女装，图为 Celine2006 年春夏作品

图 7-3-15　Tommy Hilfiger2007 年秋冬的预科生风格设计

渗入了些许性感和前卫元素（图 7-3-15）。2008 年春夏设计中预科生形象，清秀的学生气透出优雅情调（图 7-3-16）。

预科生风格代表着青春和活力，当充满动感的时尚席卷而至时，这一风格无疑走上前台。2014 年和 2015 年运动风大热时，以 Tommy Hilfiger 为代表的预科生风格品牌塑造出全新的动感女生形象（图 7-3-17）。

四、预科生风格时装作品分析

1. 稚嫩、随性的女生形象（图 7-3-18）

Chanel2007 年秋冬装，带来的是一场低调的浮华盛宴。这款由粉嫩色彩组合而成的裙装采用 Chanel 经典的斜纹花呢，少了点淑女路线的中规中矩和成熟女人的矜持严肃，多了点校园学生的青春稚嫩和雅痞群体的时尚随性，Largefeld 稍稍跳脱出了往日的奢华框架，开始向高校女生的美感哲学一点点地亲近。如果仅以经典的直身对称格局示人，不免平淡，Largefeld 采用高腰的设计，更多一份通透活力，增添年轻感觉。格纹方方正正，细致而规整。作为淑女风范的代言人，Chanel 越来越不满足一味保持乖乖女的形象，在原有精髓上不断添入摩登意念，保持时尚动感、性感特质与高贵典雅的平衡。

2. 民族风与学院女生（图 7-3-19）

法国设计师 Ghesquère 在 2007 年秋冬 Balenciaga 推出的是不同世界民族风情，灵感来源于具全球视野的学院女生。作品融入了嬉皮风貌，这就意味着 Balenciaga 重新回到了休闲随意、年轻自在的领域。紧瘦的立肩学院小外套，狭细的低腰骑马裤，高校女生层层围裹的流苏方巾，配上运动感十足、色彩明亮如同拼装玩具的高跟凉鞋，就是设计师首先交付的基本轮廓。看上去并不复杂，但其实囊括了东欧、阿拉伯、印尼巴厘岛、日本歌舞伎、非洲土著、秘鲁、蒙古……设计师所参考的不同种族地域可谓五花八门。于包罗万象之中理清头绪与方向，Ghesquière 有一套自己的概念指南。巴勒斯坦围巾在他的早期系列中曾经有过使用，这一次变换了不同的印花，装点上了丝线流苏，随意地扎上金属装饰，成为翩然飘动的围巾的一部分。为保持平衡，传统的西方风格也根植于系列中，英式剪裁的斜襟小西服取自燕尾服的造型，而宽臀窄腿的板裤将体形的勾勒推向了极致，最终紧紧地抓住了众人的视线与呼吸。

图 7-3-16　设计体现出浓浓的学生气息

图 7-3-17　融入加州的潜水、溜冰和冲浪文化的 Tommy Hilfiger 2014 年春夏设计

3. 内敛的预科生形象（图 7-3-20）

英国设计师 Paul Smith2006 年秋冬，展现的是内敛的预科生形象，设计灵感来自于知名女星 Katharine Hepburn 的名言"女人穿着丝袜的话永远很难做她真正需要的事"，Paul Smith 重新定义了女人的真正需要——俐落剪裁的短装内搭连身裙、脚踩平底船鞋，以率性简单感打造现代女性的第一印象。Paul Smith 则添加一些女性柔美表现，连身的裙装采用合体的设计，完美勾勒女性线条，整款设计简洁大方，在色彩上以棕色为主，搭配纯度和明度上都较接近的暗红色衬衫和领巾作点缀，书卷气浓郁的宽边眼镜给人以亲和力和内敛的形象感觉。

4. 波希米亚式的预科生风格设计（图 7-3-21）

美国设计师 Max Azria 擅长在作品中流露出波希米亚情怀，从而表现出独特的女人味。这款 2007 年秋冬伸展台上演绎的 BCBG 服装呈高腰结构，松软的外轮廓着实可爱迷人，展现的是年轻的女学生风貌。大 V 字的领口设计与肩侧的抽褶与装饰是设计师一贯喜欢的波西米亚风格，成为整套服装的设计眼。整款采用偏中性的色彩——棕色和咖啡色，古朴而典雅，通过运用褶裥和精致的图案将法式的轻柔浪漫与可爱的预科生形象有机结合在一起。

图 7-3-18　Chanel2007 年秋冬设计

图 7-3-19　Balenciaga2007 年秋冬设计

图 7-3-20　Paul Smith2006 年秋冬设计

图 7-3-21　BCBG2007 年秋冬设计

第八章 20 世纪 90 年代的时装风格

第一节 极简主义风格时装

一、极简主义风格产生的相关背景

极简主义 (Minimalism) 又称简约主义、极少主义、极限主义、ABC 艺术，形成于 20 世纪 60 年代中期，盛行于 60 年代至 70 年代的美国。最初起源于绘画界，后影响至建筑、电影、戏剧和产品设计等领域。

极简主义产生与二战后工业经济的迅猛发展有密切关系。当时西方社会的经济、商业都得到迅猛发展，物质生活极大提高，追求享受和个人主义盛行，作为工业化、商业化和社会化一体的代表——美国表现尤为明显，人们的生活与此密切相关。极简主义在审美上具有工业文明的烙印，具有现代的构成美感。它更多是建筑在对事物的本源思考，以最简练的语言展现现代社会的本质。

此外在 50 年代占据主导地位的美国抽象表现主义，发展至 60 年代已日渐式微，与此带情绪化感性色彩相对应的是极其理性艺术的产生，极简主义此时出现有其必然性。

1. 极少主义绘画

国内绘画界对 Minimalism 翻译成极少主义。极少主义名称最早出现在 20 世纪 60 年代中期美国现代艺术评论家芭芭拉·罗斯 (Barbara Rose) 的文章中，用来指称、概括和形容美国 60 年代涌现的一批年轻的抽象艺术家的创作，他们的作品受战前俄国构成主义和荷兰风格主义的影响，甚至能够让人联想到 20 世纪早期包豪斯的美学观 (图 8-1-1)。

极少主义绘画降低了画家的主观情感表现，以冷静、明确、单纯、清晰的抽象形式展现作品，给人以淡泊、明净之感。极少主义绘画大多以自然的色彩与材质所构成，简单明了，通过减少再减少、否定再否定的思维，舍弃琐碎，去繁从简，直至获得最本质元素，力图把作品减缩到基本的几何形状，在画面上只剩极少的几根线和几块平涂色块，在空间中也只有几个量块和几个立体造型。这种绘画形式又被艺术评论家称为"色域绘画"或"硬边艺术"。极少主义绘画

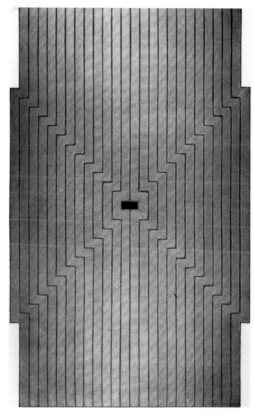

图 8-1-1　画家弗兰克·斯特拉 1960 年所作的极少主义绘画《海底六英里》

其实是"无个性的呈现"，尤其反对带情绪性的个性，同为 60 年代的艺术风格，波普艺术带有相当情绪化、具有轰轰烈烈的效果，而极少主义将艺术提高至极为理性和宁静的状态。

2. 极简主义设计 (图 8-1-2)

设计领域的极简主义则主要指 20 世纪 80 年代开始兴起于西方国家 (特别是美国) 的一种流行广泛、影响深远的设计风格与流派，它是受 60 年代抽象绘画的影响发展起来的，其中家具和室内设计的表现尤为明显，领军人物无疑是法国设计师菲利浦·斯塔克 (Philippe Starck)。现代极简主义建筑大师密

图 8-1-2　极简主义风格建筑

斯·凡德罗（Mies Van der Rohe）的名言"Less is more"（少即是多）定义了极简主义设计的内涵。

80 年代中期，欧美经济处于巅峰状态，社会各界呈现奢华景象，设计风格以繁复为主，而极简主义设计师探索在更卓越的功能、更经济的成本、更先进的技术、更优美的造型的同时，以更简洁、更单纯的语言体现现代设计，表现在最简单的结构、最俭省的材料、最洗练的造型以及最纯净的表面处理。这种形式是对当时奢华风格的叛逆，它似一股清风唤醒了人们的现代设计意识。

事实上，极简主义设计并不单纯的简化、简单，相反在简洁的表面下往往隐藏着更为复杂精巧的结构。极简主义风格要求设计师具有相当的整体把握能力，当所有细节以及所有的连接都被压缩至精华时，作品的设计技巧和审美感觉才能得到升华。

极简主义设计在形式上偏于极端性，追求的是一种宁静安逸的生活方式。

3. 时装界极简主义风格代表 Jil Sander（图 8-1-3）

德国设计师 Jil Sander 是时装界的极简主义代表。Jil Sander 1973 年在时尚之都巴黎举办首次发布会，其极简风格的设计并没得到大的凡响。随着 80 年代日本设计师的崛起和另一位简约设计师 Helmut Lang 的出现，Jil Sander 的设计思想才被引起重视。1988 年，Jil Sander 将设计展开到米兰，通过数年的传播，以"Less is more"为口号的简约主义在 20 世纪 90 年代风起云涌，将 Jil Sander 缔造成了简约主义的先锋形象。Jil Sander 的作品虽然

"极简"，使用的面料和工艺却是超级的昂贵，她的制作成本要远远高于其他设计师，所以被称为"奢侈的简约"。

Jil Sander 品牌的设计不但是"简洁"，更可以"极简"来形容，她用作品来传达自己的哲学思想，冷静、理性、客观、不矫饰。她对服装基础线条的迷恋，几乎到了偏执的地步，只保留服装最基本结构的本质。在设计圈里，Jil Sander 被认为是 1920 年代建筑流派包豪斯（Bauhaus）的现代版演绎，传承了德国简朴主义的理念，是现代德国时尚的表现——舍弃花里胡哨的细节，追求整体，以纯粹的剪裁、简洁的线条、单纯的色调来展现现代女性的自信。

二、极简主义风格时装设计解析

1. 风格（图 8-1-4）

极简主义风格设计遵从"简单中见丰富，纯粹中见典雅"，以"否定、减少、净化"的思维，简洁但不简单。与强调装饰细节的设计师相反，简约主义设计师注重服装的功能性，以减法为手段，删除过多繁复、无关紧要的装饰细节，而只保留极少的精华部分，以最精练的设计语言表达出设计概念。

需要指出的是，极简主义设计往往伴随着中性成分，在设计中完全舍弃代表女性色彩的刺绣、蕾丝、缎带等运用。在尺寸设计上，极简主义服装更倾向于

图 8-1-3　极 简 主 义 风 格 代 表 人 物 Jil Sander 2003 年春夏作品　　图 8-1-4　极简主义风格在设计上以最精练的设计语言表达出设计概念

图 8-1-5　造型简洁的设计

图 8-1-6　极简主义风格在款式设计上精心构思

图 8-1-7　细节突出的极简风格设计，Hussein Chalayan2010 年 春 夏作品

图 8-1-8　以拼接为主的设计

男女共性。

2. 造型 (图 8-1-5)

极简主义风格弱化人工因素，认为人体是最好的廓型，设计师无需进行额外的加工和修饰，只需关注人体与廓型的协调关系，尤其是强调肩线的表达。整体上以自然状态呈现，即便收腰也不是刻意体现，所以大多呈 H 型、帐篷型、圆筒型等。

3. 款式 (图 8-1-6)

在款式设计中，以服装的基本款为主，在西式套装、大衣、衬衫、裤、裙的基础上精心构思，进行适当的款式变化。所安排的设计点非常有限，甚至不允许多一粒钮扣，多一条缉线，通过少量的细节使服装具有设计美感。由于在细节处理上非常明确和集中，因此需要设计师精心而巧妙的整体构思(图 8-1-7)。

常见的设计表现在领、袖、袋、门襟、腰、下摆等部位的造型变化，除此之外，还可运用诸如省道、打褶、拼接、翻折、卷边、镶边、打结、系带、开衩、开口、襻、缉线等手法，一般在设计中只选用一种手法（图 8-1-8 ）。

4. 色彩 (图 8-1-9)

单一朴实的色调是极简主义风格体现，尤其是偏中性的黑、灰色系更是主打色彩，此外包括明度较低的蓝、咖啡、褐、红、绿色系以及本白色、漂白色常

作为辅助色出现。

5. 图案

与素雅色调相配合，极简主义风格时装基本不采用各类图案。

6. 材质 (图 8-1-10)

设计表面上的"极简"其实提升了对材质的要求，而面料表面的肌理足以体现服装的本质，因此极简主义设计师非常注重材质表面肌理和平整结构，如 Jil Sander 甚至发明了混合了羊毛、天鹅绒和亚麻的面料，她作品中 90% 的面料都是定制的。

极简主义风格女装常用面料，夏装包括较有质感的棉、麻、蕾丝、雪纺及混纺面料，冬装以结构组织各异的精纺呢绒面料为主。

7. 配饰

极简主义时装崇尚一切就简，无需额外配件配合，连包、饰品、帽饰都嫌多余。所搭配的鞋造型简洁，色彩素雅，无装饰。

三、极简主义风格时装流行演变 （图 8-1-11）

20 世纪 20 年代德国出现了以包豪斯为基地形成与发展的建筑学派，它强调机能、空间、结构等现代设计理念，追求简洁的设计效果。与此同此，设计师 Chanel 也曾极力倡导过简洁、活泼、年轻化的设计

图 8-1-9　黑色是极简主义风格时装常用色彩

图 8-1-10　带有纹理的极简主义风格材质

图 8-1-11　体现 90 年代极简主义特点的时装，Costume Nationa 2015 年秋冬设计

理念,她的设计遵循了"适用、简练、朴素(而非贫穷)、活泼而年轻"的原则，其设计思想正体现了现代服饰设计的发展趋向。

建筑上的极简主义产生于 20 世纪 50 年代，注重造型和结构，而当时 Dior 的"新风貌"设计同样弱化细节，讲究外形，与极简主义建筑风格有异曲同工之妙，这一现象一直延续至 60 年代 Pierre Cardin 的作品。在 70 年代，由于逆反心理，曾在时装界喧嚣一时的过于艳俗、华丽的风尚被朴素、简单的风格所取代。Jil Sander 1973 年在时尚之都巴黎举办首次发布会，其极简风格的设计并没得到重视。美国设计师 Roy Halston 的设计作品已具备极简主义的基本特质，但此时极简主义风格缺乏市场基础，Roy Halston 的作品乏人问津，以至于他在 1984 年宣告公司破产。

90 年代在"Less is more"(少即多)为口号下，极简主义风格经历了全盛时期，至 90 年代中晚期达到高潮。此时极简主义时装注重个性表达，去除了多余的人工痕迹，造型回归自然，款式设计极其简洁。同时伴随着众多亚文化的兴起，极简主义风格也融入了许多街头文化元素，色彩呈黑灰，整体风格更多带有中性化倾向，如奥地利设计师的 Helmut Lang、德国人 Jil Sander、意大利的 Armani 等的作品。在实用主义至上的美国，极简主义风格有巨大的市场，

在力求设计大方简洁的同时，设计中更表现出可穿性和职业装的特点，其中代表人物有 Calvin Klein、Donna Karan 等。

21 世纪，伴随着讲究细节装饰的新浪漫主义风格的兴起，极简主义不再引领时尚潮流。与 90 年代的作品相比，此时的极简主义风格设计手法更趋多样化，如融入了诸多细节处理、色彩不再拘泥于黑灰，各类新颖的高科技面料的选用等（图 8-1-12 ）。

四、极简主义风格时装作品分析

1. 典型的极简主义风格表现 (图 8-1-13)

意大利名品 Jil Sander 的 2007 年秋冬系列体现了典型的简约主义倾向，设计师 Raf Simons 将现代女性的套装做了些许调整，使得原本呆板的套装，看起来更为利落，更符合职业女性的身份。Raf Simons 重新定位了西装小翻领，小巧而精致。这款斗篷式大衣造型简洁，呈 H 字型，干练清爽。设计线条简洁流畅，在腰下的分割线将视觉分成上下两部分，呈现和谐的比例关系。色彩回归到一贯的风格，白、灰、黑成为主角，淡雅朴实。Raf Simons 有着极强的掌控能力，选用各种材质制作大衣，从开司米到中式卡其布，这款深灰色大衣秉持原 Jil Sander 丝毫不差的精准剪裁，两侧的开口新奇别致，堪称点睛之笔。此

外超小的翻领、正腰线的分割、硬朗的线条，都透出设计师对简约风尚的理解。

2．美式极简主义风格设计 (图 8-1-14)

美国品牌 Calvin Klein 同样崇尚简约主义风格，但它更体现出美式的实用主义原则。在 Calvin Klein2007 年秋冬的时装作品上可以明显感受到设计师 Francisco Costa(弗朗西斯科·科斯塔) 的想法，他放弃对服装层次感、图案和设计个性的追求，再度重返 CK 的简约本质，品牌的简约冷艳的影子再度回放，如图 8-1-14 中烟囱型衣领的茄克，没有花俏的细节处理，略带新奇的套肩袖拼接勾勒出宽肩设计，塑造出时尚而随性的外观线条。典型的 CK 式中性化设计，在面料色彩上采用的正是 Calvin Klein 一贯最爱的深灰色，上下装注重裁剪结构，稍大的尺码带着潜在的夸张概念，似乎在有意制造着衣物与身体之间的空间关系。领型和袖身造型别具创意，胸线下的开刀线体现出绝佳的比例关系。手感柔软的呢料适合简洁的款式，设计师以此塑造出一派大都市职业女性时尚新形象。

3．民族风情与简约主义风格融合的设计（图 8-1-15）

Lanvin 女士在 1930 年确立 Lanvin 品牌精髓时遵循：设计的衣服简单而不失高贵，奢侈而不烦琐，品牌设计总监 Alber Elbaz（阿尔伯·艾尔巴兹）的作品充分体现了这一思想。在材质布料的选取上，Alber Elbaz 偏爱轻薄的亮缎丝绸等贵重布料，他认为其设计采用柔软的材质是追求轻松、舒适的穿着风格，这能无拘无束地显现女性的温婉特质，同时也能在行走间表现出优雅的节奏。他将丝绸以不同的织法呈现华丽（如罗缎）与坚挺（如罗纱）的美丽风貌，经过洗涤、软化、压皱、绉皱、刺绣的处理，通过立体剪裁，将水洗丝罗缎及镶着亮片的透明罗纱幻化出女人梦境中的仙女形象。2006 年春夏的作品就是这类丝绸面料的完美演绎，整体设计一改 Elbaz Alber 以往的华丽风格，变成极端的极简主义派。从胸线开始的打褶裙线条流畅自然，飘逸的造型塑造出 Elbaz Lanvin 风格特有的高贵女人味。缠绕式连身裙款式简单，结合日本和服的高腰元素和宽袖结构，搭配宽

图 8-1-12　Jil Sander 的 2007 年春夏设计

图 8-1-13　Jil Sander 的 2007 年秋冬设计

图 8-1-14　Calvin Klein2007 年秋冬设计

图 8-1-15　Lanvin2006 年春夏设计

图 8-1-16　Donna Karan2007 年春夏设计

腰带，以紫罗兰色作特别强调，将民族风情与简约主义风格作完美的融合。

4. 美式都市简约风格设计体现（图8-1-16）

美国简约派设计师 Donna Karan 的设计一向我行我素，不离美式休闲风，并以生活态度及个人风格为前提，其风格低调成熟，剪裁线条流畅，细节元素精到。2007年春夏系列是一组以旅行为主题的设计，一次惬意的旅行造就了 Donna Karan 的这个系列。在设计中，Donna Karan 充分反映了纽约人的穿着风格，线条简洁、舒适，并能展现曲线美感，此款设计即表现这种感觉。轻柔飘逸是设计师表现的重点，在面料的取材上，飞逸爽朗的绸纺成为主角，色彩为自然的米色，一派繁华落尽后返朴归真的清雅悠然。收放自如的随性设计有美式的悠闲感，镶色的 U 型领吸引了视线聚集，同时也有色彩上的微妙变化，产生一种品味独特的时髦感！讲究造型的袖片与裙身设计有款有型，在整体简约设计中透出时尚气息和休闲味。

5. 表现极简奢华感的设计（图8-1-17）

美国华裔设计师 Peter Som（邓志明）设计带有美式休闲极简风格，这也是媒体给他的评价。但 Peter Som 想创造出对立的两面：虽然简洁，但也穿插着浪漫风韵，如大量的鸡尾裙、不规则裙边的印花裙的设计。正如 Peter Som 所说：“我想要呈现的是一种简化的奢华质感，但并非极简派艺术。”由于受过美式运动风格设计师 Michael Kors 的熏陶，Peter Som 的设计颇具运动感，而这恰好平衡了在细节上过于讲究的女性化和奢华感，这款 2007 年秋冬女装系列款式就体现这一特点。整款设计简洁，整体感强，上装结构清晰，以肩部造型和别致领型突出设计重点，下配花苞造型裙装。设计师在简单的款型上，以柔软飘逸的材质制成花朵，充满了女性魅力，并展现了 Peter Som 所要表达的极简奢华感。

图 8-1-17　Peter Som2007 年秋冬设计

第二节 中性风格时装

一、中性风格产生的相关背景

中性也称无性别或雌雄同体 (Androgynous)，是指不考虑性别的倾向。中性倡导性别转换观念，事实上它更包含更多向世俗挑战的意味，体现了现代人们追求自由和个性化，反抗权威和世俗束缚的趋势（图 8-2-1）。

1．战争因素

人类的两次世界大战极大地影响了人们的着装观念，是促成中性风格的一个重要因素。第一次世界大战时，大批妇女在战后从事后勤和支援工作，服装自然要求简洁方便，具男装特点的长裤和宽松服装成为首选。第二次世界大战比第一次更加严酷，面对现实，人们不得不放弃优美、典雅的时装，而转为实用、耐穿和方便的服装，于是带男性化的军装和无性别感的工作服成为首选，女装款式具军旅风格，表现在垫肩、肩章、盖式贴袋、金属扣等方面，由军服发展而来的工装逐渐成为女性的日常着装，搭配带男童式的发式。此外，宽松的套衫、卷边的牛仔裤也很流行。这种着装形式一直延续至战后。

2．现代户外运动

20 年代随着妇女大量参加户外运动，运动款式着装应运而生，而这些带男性化倾向的服装成为早期的中性服饰。20 年代的十年是经济萧条时代，以巴黎为代表的女装设计并没有延续表现女性传统美感，而是将男装的一些特征掺入女装设计中，这就是"男孩风貌"服饰，简洁款式、呈 H 型的直统造型配长至膝盖的裙子或裤子，不强调女性特有身段，全然没有传统女装的优美曲线，加上似男性短发，完全是一副发育不全、天真无邪男孩模样。20 年代已见现代户外运动的雏形，网球、骑马、自行车等运动深受人们喜爱，为适合运动，女性追求苗条身材，以适应带男孩风格造型的贴身瘦窄 H 型服装，这种现象被称为"小野鸭风貌"（Flapper Look）。1927 年上映的电影《它》(It) 女主角短发红唇，这一典型小野鸭形象成为 20 年代的时尚偶像。

3．女权运动 (图 8-2-2)

男女平等被认为是 20 世纪的最主要成就之一，这场运动 19 世纪末首先起源于英国，妇女在政治上取得了选举权，之后争取妇女在政治、教育、医疗、体育等领域与男性平等地位的斗争持续不断。可以认为除了战争因素，女权主义运动是中性风格女装产生

图 8-2-1　雌雄同体的着装打扮

图 8-2-2　2015 年流行 70 年代风潮，同时夹杂着女权主义色彩，图为 Just Cavalli2015 年秋冬设计

图 8-2-3　1984 和 1986 年山本耀司中性风格设计

和流行的决定因素。

20 世纪 60 年代是世界性大规模女权运动的开始时期。当时世界各地处动荡之中，美国入侵越南，各地恐怖组织接连制造了多起暗杀、暴乱，受此影响成长于战后的年轻一代高举反战旗帜，一股强烈的女权主义运动在世界范围内展开。在时装界，70 年代职业女性大量出现，女权主义思想深入人心，突出自我而不必考虑男性。1979 年，英国出现了第一位首相玛格丽特·撒切尔，引领了妇女从政潮流。

在 80 年代呈现一种危机四伏的景象，两伊战争，石油危机，女权运动，苏联解体等。与此同时，女权运动达到高峰时期，这期间职业女性大量出现，造就了一群女强人形象，成为社会一个特殊阶层。女人们不再固守着过去淑女的、女性化的形象，商务套装、简洁的方便活动的裙装、运动服使得她们在形象上有了更多的选择。80 年代职业女性极大推动了带中性感的职业女装的发展。为了便于工作，女人不得不忍痛舍弃式样繁杂的时装，改以男性化的稳重的制服。

4. 中性风格女装代表性设计师山本耀司、川久保玲、Ann　Demeulemeester

日本设计师山本耀司的设计都以男装女穿中性概念出发，在女装中融入男装的设计理念，再现女性帅气摩登的优雅中性。他的服装没有奢华的材料，没有鲜艳的色彩，只是随性的剪裁和他个人非常喜欢的、具其标志性的超大风格设计手法，简洁的剪裁，形成硕大的廓型。在设计中不失矛盾的影子：不对称的衣摆，故意设计的不协调的褶皱，流线阔腿裤和宫廷味式泡泡袖……经过结构的包装，一切就便展现出随意自然的别样风情（图 8-2-3）。

同样来自日本，川久保玲始终不以她的名字来挂牌，而以一贯的 Comme Des Garcons（法文意思是"像个男孩"）作为品牌的唯一称号，刚好说明她设计风格长久以来所呈现的中性色彩。川久保玲的的服装完全打破传统服装中规中矩的限制，而让整体的线条不再以人体为架构，呈现建筑或雕刻式，用布料塑造突起块状的立体感；服装不再拘泥于功能性的讲究，更侧重表现艺术感受。

比利时设计师 Ann Demeulemeester 擅长中性风格塑造，她的设计具有试验性质，常以大块不同质感的黑色为主，浑融了前卫、街头多种成分，并被描述为在诗歌和摇滚乐的分界线上取得了平衡。她将中性风格、朋克风格、解构风格于一体，她对自己的设计解释为"我并不是想尝试使一个女性看上去像男子，我仅仅认为女人具有男性元素，因此我很正常地使用男性元素。"她的设计常以具有冲突性的元素互相混搭，以实验性的思考对时装进行重新构建，如对面料进行二次设计，通过撕裂、磨旧等手法创造出新的时尚感。她最讨厌造作的设计，那些无谓的花饰、珠链等装饰都被她赶出了局。

二、中性风格时装设计解析（图 8-2-4）

1. 风格（图 8-2-5）

山本耀司认为："人体本身不重要，重要的是服装通过人体产生外延美"。中性风格女装在设计中弱化了女装设计的根本——人体曲线，但决不是简单的女装男性化，毕竟男女生理特征是不同的，而是通过男性元素地加入使女装呈现出另类美感，表现为男女都能接受的服饰形象，既无男性的英俊豪迈，也无女子的柔弱典雅，呈现出别样的冷酷特质。中性风格的出现使设计师对穿着者的性别多了一种思考，一种选择，使设计呈现出多样性和复杂性。

2. 造型

总体上，中性风格女装造型介于男装与女装之间，以直线为主，即便考虑女性体型曲线也以带刚性的线条处理，而不具有柔软的曲线效果，所以整体造型以自然形为主（图 8-2-6）。

3. 款式

中性风格通过模糊的性别、模糊的行为，创造模糊的流行。其女装不同于传统女装，它冲破了固有的女装设计思维，超越性别的范畴，融合了男装与女装的特点，借鉴了诸多男装的设计特点，主要是西装、风衣、马甲、T 恤、牛仔裤、背带裤、长短裤等款式，但并非是男装的翻版，而是在设计中融入男装的款式细节，创造出有别于传统女装的穿着效果（图 8-2-7）。

男性化女装受男装的影响，反映出男装的特点。而中性风格女装则不同，这种风格也保留了开刀收腰体现曲线等传统女装概念，但在版型上结合了男装结

图 8-2-4　Krizia1995 年设计的中性风格作品

图 8-2-5　中性风格女装呈现出别样的冷酷特质　　图 8-2-6　中性风格女装造型以自然形为主

构造型，在成衣尺寸上稍放大，以稍带的自然线条体现与男装趋于融合。

中性风格女装主要设计手法来源于男式西装和裤装两大类（图 8-2-8）：

西装（图 8-2-9）

西装是男装中细节最为丰富的款式，其中诸多元素适合表现中性情调，如衣片结构、袖型、领型、领

图 8-2-7　中性风格设计超越性别的范畴，融合了男装与女装的特点

图 8-2-8　借鉴男装款式细节的设计

图 8-2-9　以男式西装作变奏的设计

图 8-2-10　Dior 品牌 1999 年高级女装的中性化表现

面豁口造型、领面串口线、手巾袋、贴袋、袖衩、摆衩、插花眼等，其中领型是中性风格的主要表现，西装中的平驳领、戗领和青果领（刀领）都具有硬朗的感觉，领面的宽窄、豁口位置高低和开口大小、串口线的方向等变化能改变设计的不同效果。但过于夸张的垫肩则不在使用范围（图 8-2-10）。

裤装（图 8-2-11）

原本裤装是男装设计范畴，转换成女装领域能体现干练效果，无论是宽松还是紧裹都能恰如其分地表达中性美感，尤其是铅笔裤最适合。此外腰头结构、裤腰省道、裤身长短、裤脚贴边翻折与否、裤侧开衩、裤袋造型等也与中性风格的塑造密切相关。

4. 色彩 (图 8-2-12)

中性风格主打色以视觉效果程度不同的黑色系为主，结合灰色、白色以及纯度低、明度低的各类色系的搭配点缀，产生丰富的层次感觉。21 世纪随着运动概念在中性风格女装的渗透，各类金属色和其他明亮色也纷纷加入，中性感觉趋于活跃生动。

5. 图案

中性风格女装一般以素色为主，如选用图案多采用条纹、格纹。条纹历来男女皆宜，尤其是衬衣设计中，颇具中性效果。格纹同样具有秩序、严谨感觉，在 2005 年 Burberry 秋冬设计中，其经典方格纹和复古味道的千鸟格，以暗淡、沉静的色彩营造出英国绅士气质以及 20 世纪 70 年代的怀旧情绪。

6. 材质 (图 8-2-13)

中性风格选用材质注重质料表面肌理和硬挺程度。质地较结实、有质感的全棉是夏季中性风格的主

图 8-2-11　带中性风格的裤套装设计

图 8-2-12　多重色彩的中性风格设计

要面料，制成的衬衫带有帅气感。各类精纺斜纹毛料和混纺织物适合制成西装式款型。表面粗糙的粗纺软呢因朴素厚实的质感和布面纵横的纹理，在不经意间渲染出一种属于男性的沧桑感。丝绒虽然较柔软，但散发着一股贵族气息，配上男装款型能流露出中性感。

此外 PVC 面料、金属材质、涂层等新型面料也能表现中性风格，此类设计往往带有未来感。

7. 配饰

主要来源于男性用的经再设计带中性风格的配件，如领带、绅士帽、领结、靴子、墨镜、皮带、平底鞋等。

三、中性风格时装流行演变（图 8-2-14）

最初中性风潮起源于 19 世纪末的英国维多利亚时代，伴随着女权主义的深入和男装穿着风格的影响，一部分女性开始尝试男装款式，将妇女追求时尚与男女平等完美结合。20 世纪 30 年代，好莱坞电影充斥着穿戴男性服装和礼帽的风情女子形象，受此影响，世界上曾引发一阵中性热潮。

60 年代出现了短发、眼神纯净、无曲线身材的 Twiggy 等名模，颠覆了传统性别观念，一股中性风潮迅速蔓延。1966 年 YSL 设计了男士风格的无尾半正式晚礼服"吸烟服"，女性着裤装成为法国的时髦现象，它迎合了刚刚兴起的女权思想。60 年代末在男装兴起的"孔雀革命"，已经表现出男装的女性化倾向，缩小了两者之间的差异。

受 60 年代 Pierre Cardin 设计作品的影响，70 年代女装已不可避免融入更多的男装元素，如裤装、男衬衫、男西装等单品，这股潮流甚至延续至 80 年代。70 年代女性以着装不必取悦男性为荣，设计师在设计上大量采用了男西装的款式和结构，迎合了时装的无性别趋势。军装是无性别风貌服饰的主要表现，卡其布或迷彩布制成的帽子和宽松长裤成为 70 年代流行的典型款式。无性别风貌的另一代表是裤子，设计师们在裤装上大做文章，各类造型裤装先后登场。70 年代期间，各类街头文化冲击着主流社会，女装男性化倾向成为当时女装的主调之一，裤装结构与男裤趋于一致，军装、工装和牛仔装在女装设计中不断出现。

70 年代朋克文化和后现代主义思潮影响了 80 年代的流行，大众对于男女装的传统界定方式发生了质变，另类、前卫的设计理念成为主流，男女装的天然分界被打破，取而代之的是性别模糊，无性别服装渐成气候。Vivienne Westwood 在 1982 年获邀在巴黎开发布会，她带强烈朋克风格的设计理念衍生出中性风格的传播。80 年代的另一代表人物 JP Gaultier 的设计也颠覆传统思维，他倡导男性穿裙子、戴耳环，带动男女装设计的趋同性。Armani 抓住了职业女性大量出现的时机，借鉴男装细节和版型的女套装已呈现出中性倾向。日本设计师山本耀司的设计全无女性优美的体型线条，在忽视性别的前提下展现服装本身的内涵，他的作品同样是中性服饰风格的再现。

在 90 年代，女装的中性风格是随着街头文化的主流化而被时装界所认可和推广，中性风格成为一种来势更凶猛、更广泛的时尚潮流，这一流行浪潮开始具有全球性，并随着年轻一代的亚文化的涌现而逐渐显露。由于拆除了男女装的性别壁垒，没有了男装和女装的特征和痕迹，一方面以男女共通的形式流行，另一方面呈现出极简形象出现。90 年代的中性风格的代表设计师无疑是美国的 Calvin Klein，他于 1994 年推出世界首款中性香水 CK One，同时他以简约主义设计诠释现代女性的利落和帅气，体现出现代女性的独立精神。1996 年秋冬时装突显女扮男装，而裤装成为流行的风向标，他将男女服饰的趋同性以一股强大的流行潮流表现出来。

图 8-2-13　中性风格女装既选用硬挺的呢料，也不乏柔软的丝缎

图 8-2-14　将柔美的蕾丝与硬挺的呢料结合的中性风格女装设计，图为 Ferre2005 年春夏作品

图 8-2-15　McQueen2007 年春夏设计　　图 8-2-16　Ann Demeulemeester 2007 年秋冬设计　　图 8-2-17　Ann Demeulemeester 2006 年春夏季设计　　图 8-2-18　Narciso Rodriguez 2007 年秋冬设计

　　进入 21 世纪，中性风格女装摆脱了模仿男装的主轴，无男无女特质的"第三性"已成为服装设计的一大主流，跨界的无性别感觉是 21 世纪的时尚特征，各类风格、款式没有障碍互相跨界，互相影响。与此同时男女性别的跨界也影响时尚，男装、女装互相吸收精华。在这个背景下，不同程度的中性化服饰卷土重来。2001 年的女装充满前卫复古的军旅风格，富有韵律感、运动感的中性服饰成为时尚，设计师提供了一种干练的服饰形象。在 2004 年 Chanel 秋冬新装发布会上，Karl Lagerfdld 倡导女装男穿，刻意安排男模特混在女模当中，穿上加大版的女装。刚柔并济的中性剪裁，打造出无性别形象。在 2005 年春夏作品中，Viktor & Rolf 推出了造型硬挺的皮茄克配黑头盔的女兵装扮。Gianfranco Ferre 的设计是具英武之气的合身茄克配宽腿长裤。此外中性风格更多呈现出运动感，如 Y-3 品牌。2006 年中性化装扮再次回潮，与以往不同的是，此次更强调细节和装饰效果，因此更显优雅（图 8-2-15、图 8-2-16）。

四、中性风格时装作品分析

　　1. 体现女性柔美和解构主义的中性风格设计（图 8-2-17）

　　比利时"安特卫普六人组"（Antwerp Six）之一的 Ann Demeulemeester 对黑色情有独钟，每季作品均以深黑色占据大部分，设计师通过黑色调营造出的前卫中性感，给人以神秘感和慢人力。同时 Ann Demeulemeester 还是解构主义代表，她以流行于 20 世纪 80 年代末 90 年代初的解构主义手法对服装结构进行新的探索，在 1997 年深获好评的"左倾右侧"拉链时装设计，就是 Ann Demeulemeester 所擅长的解构主义风格设计，一种特地营造出的未完成感觉。在 Ann Demeulemeester2006 年春夏季设计的这款服装中同样采用了深色调，上身柔软面料的重叠而产生的各种不同宽窄的线条和块面，腰下的宽带透射出设计师中性元素的运用。从肩点下滑于手肘以下的泡泡袖采用解构手法，对破坏与完整进行概念的诠释。柔软的布料自然形成轻松的摆荡，与漂亮的肩线相互映衬，连同腰侧作为点缀之用的绳饰，显示出设计师所欲凸现的在中性风格中融入的柔美效果。

　　2. 具有现代都会感的中性风格设计（图 8-2-18）

　　与其他美国设计师一样，Narciso Rodriguez 的女装不乏现代女性所追求的中性感，但同时又具有柔美的性感，他擅长通过细致的裁剪和精巧的细节，使服装具有建筑感。在 2007 年秋冬女装中，Narciso Rodriguez 吸取了欧洲 80 年代的建筑风理念，将直线条运用在服装设计中。七分袖毛呢料上装搭配铅笔裙，造型简洁。领部的立体长方块、袖口的方形搭襻，还有胸部的水平线分割都充满了硬朗的建筑感。与春夏季的塑胶金属及花哨繁复的刺绣风格完全不同，整体轮廓变得简洁而利落，颜色也采用感觉舒服的黑与白搭配。Narciso Rodriguez 向来重视剪裁结构，此款在结构上有更多细节处理，胸、腰、袖身分割线处理曲直相间，工艺独特，所带来的大小比例完美而有节奏感，塑造出率性、优雅、迷人的都会女性形象。

　　3. 复古中性风格设计表现（图 8-2-19）

　　意大利设计师 Antonio Berardi 的设计以创新的剪

图 8-2-19　Antonio Berardi2006 年春夏设计　　　图 8-2-20　Haider Ackermann　　　图 8-2-21　山本耀司 2007 年春夏设计
2008 年春夏设计

裁而闻名，他非常擅长于将尖利与柔和这两种互为对立的风格完美地糅合于一体，对传统手工艺进行重新演绎，是他的标志性风格之一。2006 年春夏设计中，Antonio Berardi 将女性化的轻柔褶子和男式西装的裁做工艺这组对立的风格融合起来，创作出全新的职业装风貌。这款设计充满了文艺复兴时期宫廷痕迹，既展现了女性的柔美，又表达出男性的帅气感。普通的套装采用设计师最擅长的单色处理，外套采用男西装结构，上下装造型合体，袖身紧窄。Antonio Berardi 在整体修身的裁剪中加入适当的细节，独到裁剪的袖肩高耸，领面呈宽宽的戗驳造型。内衬复古格调的蕾丝衬衫充满了细节，表达出设计师的细腻情结。

4. 另类中性设计 (图 8-2-20)

比利时新锐设计师 Haider Ackermann（海德·阿克曼）无论在风格上，还是色彩、面料，甚至化妆色彩表现都呈现典型的中性风格。在他心目中，带点男性阳刚味道的女装最具韵味，也最能展现女性的美，所以他的作品向来以黑及灰调子居多。在设计 2008 年春夏设计中，Haider Ackermann 将自己对服装的理解进行一次全面的诠释。这款设计构思独特，合体的长外套搭配鱼尾摆长裙。设计师将传统裙装结构进行解构，以细吊带绕颈和腰系结。裙身呈不对称剪裁，

布料在臀部形成包裹结构。柔软有光泽的闪光面料被制作成外套和裙装，结合了丝绸般柔滑的特质，又带有皮革硬朗的折光效果，使整款设计独具女性美感，但是相当另类和具街头意识。模特发型出人意料的前卫，符合 Ackermann 冷艳、中性美的设计特点。

5. 男装元素的完美演绎 (图 8-2-21)

日本设计师山本耀司的作品以男装女穿中性概念著称，其 2007 年春夏系列持续了这种风格，维持设计师一贯潇洒时髦的剪裁手段。山本耀司的服装没有奢华的材料，没有鲜艳的色彩，却对男性化的元素无限放大，其中渗入他个人偏爱的超大尺寸的设计手法，体现出设计师对时尚低调华丽和离奇高调的前卫和个性的解释。这款作品充分展现山本耀司的时装设计精髓，呢质感的深色合体长大衣做工考究，细长戗驳头领型是典型的男式特征，搭配干净整洁的白色小折领衬衫和超长围巾，呈现出浓浓的绅士气息。下装是源自银行家的灰色条纹宽松长裤，系结带子随意展露，中性风格中流露出一些叛逆的酷感。脸部无疑是视觉的中心，精简短发，深棕色烟熏妆，独特的眼罩，如男孩般英俊的脸庞，体现了设计师的细腻手法。整款色彩基调是中性的黑白灰，连同款式和细节都构成山本耀司所欲倡导的中性美感表现。

第三节　解构主义风格时装

一、解构主义风格产生的相关背景

解构主义在西方艺术历史中早有反映，20世纪初西方已出现了对表现物体的拆解现象，伟大画家毕加索创立的立体画派注重将观察对象置于三维空间下，将可见的客观形象分析、解体为短直线与几何块面，并按主观感受重新组合。点彩派是对色彩进行分解，以让人的视野在一定距离观察达到最佳效果。立体画派、点彩派与解构主义均有相似之处，都是打散已有形式结构，创造和建立新的形式。

解构主义起源于哲学范畴，创导者是法国哲学家雅克·德里达（Jacques Derrida），他于1966年在美国一次演讲中提出，并相继发表了一系列作品阐明他的学说，其核心就是解构，这一术语来自于德国哲学家、存在主义创始人之一马丁·海德格尔（Martin Heidegger 1889—1976）1927年的名著《存在与时间》的"现象学分解"（Phenomenological Destruction）概念，海德格尔认为"分解只是一种批判的步骤"、"最初必须利用的概念被分解至它们由此引出的源泉"。而德里达紧紧抓住概念偏差或语词歧义，进而利用它来分解文本的一致性"。80年代晚期，西方设计界涌现出一股解构主义热潮，以彼得·埃森曼（Peter Eissenmann）和贝马得·屈米（Bermard Tschumi）为代表的西方建筑师将解构主义理论运用于建筑设计，埃森曼将解构称为"扰乱的完美"，扰乱了建筑本质中本来完美的关系，破坏了原来衡量美德形式法则，代之以变形、扭曲、斜翘等反形式手法，他那极端抽象、异化的建筑艺术名作"俄亥俄大学韦克斯纳视觉艺术中心"体现出这一思想。

1. 结构主义与解构主义

结构主义（Structuralism）是20世纪50和60年代在西欧兴起的哲学流派，代表人物为法国人类学家克劳德·列维－斯特劳斯（Claude Lexi-Strauss）和瑞士心理学家让·皮亚杰（Jean Piaget）等，他们认为"文化是各种表现系统的总和"，其中重要的系统是语言，还包括科学、艺术、神话、风格、习惯、宗教等。结构主义主张用特定的"结构"观念来分析自然和社会现象，认为重要的不是事物的现象而是它的内在结构或深层结构。结构主义具有整体性、转换性、自身调整三点特征，注重形式表现和功能结构，以具有秩序、

严谨的结构塑造空间造型，如结构主义建筑崇尚的"简单的规律，复杂的空间"，充分体现了结构主义精髓。

作为结构主义的对立面，解构主义理论质疑传统的审美理论，提倡多义性（指事物呈现类属边界不清晰和性质不确定的发展趋势）和模糊性（指艺术作品含义与构成的不清晰、不确定的发展状态），反对一切条条框框，而固有的审美法则正是结构主义的精髓。正如美国学者亚当斯认为："解构理论是从结构主义，或更准确的说是从结构主义的对立逻辑出发的。"结构主义强调秩序和整体，注重事物的内在性。解构主义恰恰相反，它质疑结构主义的一切规则，它反对体系各部分按一定规则组成，坚持各部分互为转换是随意并改变结构本身，同时各部分互为独立，互不相关，产生凌乱无序的结构状态，它注重外在的显露。在解构主义风格建筑中，建筑形态表面呈无序化，但内部则是井然有序。因此随意的外墙，甚至是未完成的建筑结构正体现解构主义风格（图8-3-1）。

正如解构主义的本质一样，设计师不断质疑内和外、正和反、有与无、错与对等概念，在理解结构的基础上重新诠释。好的作品不仅能呈现别具一格的视觉效果。还上升到了理论高度，创造出新的文化风貌。引发人们更深层次的争论和思考。

2. 解构主义对时装设计的影响

与解构主义对建筑界的影响一样，自80年代末开始，时装界掀起了一轮热潮，全新的设计思维冲击着固有模式。

在《时装，伟大的创造者们》一书中，著名服装学者凯洛林·里诺滋·米尔布克对解构主义时装作了详细的介绍，其要点如下："解构主义时装，最显著的特点是：在身体与服装之间所保留的空间。他们的

图8-3-1　解构主义风格建筑

服装，应用了多样化的方法，配合多样化的创意，顺着身体的曲线设计，但并不是穿者身上的第二层皮肤，大部分面料是依附于穿者身上的。"解构主义在设计中体现出对传统观念和结构的否定，设计师的设计思维是逆向和反常规的，以怀疑的思维对待已有的形式和内容，以此作为对象进行再处理和再创造。通过不断打破原有格局并创造新形式，对服装构架进行重新的确立。如日本设计师川久保玲的设计属典型的解构主义的理念，她拒绝遵从一般公认的轮廓和曲线造型原理，用布料塑造突起块状的立体感，创造出一种戏剧化的，全新的风格，如从上到下的口袋、夸张的肩部、超长的袖子、毛线衫裂口处理、拆装、翻面或重新拼接茄克、将羊毛开衫翻过来配上粗犷的肉色编织玫瑰等。

　　川久保玲、山本耀司、三宅一生等日本设计师倡导随意宽松的无结构处理，将服装与人体合二为一，他们所引领的解构主义风尚彻底颠覆了西方时装界传统的追求人体曲线的合体廓型，为时装设计注入了新的活力和源泉（图 8-3-2）。

3. 解构主义时装设计代表 Martin Margiela（图 8-3-3）

　　比利时设计师 Martin Margiela 一向以解构及重组衣服的技术而闻名，他锐利的目光能看穿服装的构造及布料的特性，然后将它们拆散重组，重新设计出独特个性的服饰。Martin Margiela 的服装在表象上体现出一种旧的不完美的完美，即便是那些批量生产的成衣，面料也均经过"做旧"的处理。1997 年的一组作品中，Margiela 有意保留了打版时在面料上留下的辅助线条，并将不经拷边的线头与缝褶一一暴露在外。

　　在解构主义的旗帜下，Martin Margiela 大胆地把时装的传统定义进行修改——"谁说衣服破了就要丢掉"，过时的和平淡无奇的衣服经 Martin Margiela 巧手一改，身价就扶摇直上。这种极具环保意识的概念和独到的设计风格得到了很大的关注，成为一种时尚。

　　Martin Margiela 对时装的理解本身已超出其固有概念，在 20 世纪末，设计师曾就服装款式和穿着形式进行概念上大胆解构尝试。21 世纪，Martin Margiela 仍不懈于他的先锋派的试验，除了环保概念的设计外，更尝试用旧衣架、旧人像模型来陈列其新系列，令人感到讶诧的是其作品背后隐藏着设计师的无穷无尽的想象力。他的创意也远未止于衣

图 8-3-2　1984 年春夏川久保玲早期解构主义风格设计

服，他那花样百出的秀与静态展示，也颠覆了传统时装工业的常态。他的模特并非专业，没有装模作样的猫步，反倒像极了一个现代戏剧场景。甚至连模特也可以不要，仅仅就是一些与真人等高的木偶，Martin Margiela 将时装带往"终极身体"的另一个极端。

　　不要用常规去看待 Martin Margiela，他的独特从他为女人做的系列中可见一斑。三种特色包括 Circle、Folding 和 Cut 证明了他的与众不同。Circle 是将一幅簇新的布或一件解构后再裁成一件圆形的衣服。Folding 就是 Margiela 根据人体大小尺寸，将布料用对褶，然后裁成一件衣服。Cut 主要用男装放大，

图 8-3-3　Martin Margiela 设计的外套

图 8-3-4　Martin Margiela 对时装设计有自己独特的见解，图为 Margiela2008 年秋冬设计

图 8-3-5　呈现不完整、不明确、不规整特点的设计

然后将衣服拉长到穿衣者腰部下面，衣服则保留那些有粗砺的质感布边（图 8-3-4）。

二、解构主义风格时装设计解析

1. 风格（图 8-3-5）

解构主义设计在解构的过程是一个不断冲破思维限制，不断创新的过程，解构主义的创新并不是凭空捏造，而是在以往的基础上加以改造创新，正如日本设计大师三宅一生对解构主义服装作的解释"掰开、揉碎、再组合，在形成惊人奇特构造的同时，又具有寻常宽泛、雍容的内涵"。

作为后现代主义思潮的一部分，解构主义放弃了风格的单一追求，转向对材质的体积探索，以长短尺寸、造型体块涉及服装本身的结构。正因为解构主义风格特点，其服装结构复杂、造型多样、线条纷乱，服装整体上往往呈现出不完整、不明确、不规整，并带有某种程度纷乱无序的特点，最终设计伴有一定的偶然性（图 8-3-6）。

图 8-3-6　结构独特的解构主义风格女装

2. 造型（图 8-3-7）

解构主义与传统西方审美存在本质差异，它不强调体型的曲线美感，但特别重视服装材质和结构，关注面料与结构造型的关系，通过对结构的剖析再造，来达到塑造形体的目的。由于不确定成分居多，因此在造型上常常表现出非常规、不固定、随意性的特点。外观视觉上带有未完成的感觉，似乎构思全凭偶然。由于突破传统的设计思维模式，用此理念进行设计往往能取得非常规的服装外形和衣身结构。

3. 款式（图 8-3-8）

图 8-3-7　解构主义风格女装造型，2003 年春夏英国设计师 Hussein Chalayan 设计

图 8-3-8 比利时设计师 Ann Demeulemeester1997 年 春 夏解构设计

图 8-3-9 将裁剪结构分解拆散，然后 重新组合，形成一种新的结构

图 8-3-10 1994 年秋冬川久保玲设计的裙装

在构思和创作中，通常包括分解和重组两部分。对服装的分解往往是有目的地撕裂、拆开固有的衣片结构，打散原有的组织形式，通过加入新的设计形式重新组合、拼接、再造，使之呈现全新的款式和造型。解构主义时装设计师在忠于面料的本来面貌基础上，重视面料的再开发和结构表现。其设计理论是打散原有衣片结构，由局部入手进行分解，对服装的原有造型、款式、面料甚至色彩进行大胆改造，最终建构新的款式造型。主要表现在领、肩、胸、腰、臀、后背等部位，运用省道、分割线、抽褶、打褶、拼接、翻折、卷曲、伸展、缠裹、折叠等设计手法，把的裁剪结构分解拆散，然后重新组合，形成一种新的结构，或者改变传统面料使用方法和色彩搭配方法（图 8-3-9 ）。

款式构思主要有以下几种：

①堆积

以同一个设计手法重复叠加，视觉上产生层次感和体积感，如在领面、胸口、袖口、臀部、腰间等部位，通过布料再造（俗称面料二次设计），产生奇特造型（图 8-3-10 ）

②错位

即换位思考，将某部位结构移至另一位置，改变原有的属性。可以是同一件服装上部件的位移，也可以是不同服装上部件的错位。常用错位形式有：领与袖、系扣方式、前片与后片、外衣与内里、内衣与外套、上下装之间、裤与裙、男装与女装的性别之间、春夏与秋冬的季节之间等。例如在牛仔裤腰的两侧加

图 8-3-11　运用错位手法的设计，设计师将裤子和裙子巧妙结合在一起

图 8-3-12　运用解构主义原理对服装进行结构处理的设计

图 8-3-13　以无彩色为主的设计

图 8-3-14　黑白灰是解构主义风格的主要色调

上两个袖子，系在腰间，乍一看就像是把一件衣服系在腰间，又可以起到腰带的作用，既有可穿性又具有设计感。川久保玲的 2006 年秋冬作品曾设计一系列的解构服装，如在西装款式套上一件连衣裙、套装嵌入紧身胸衣、一半裙一半裤、一半衣一半裙等，两者风格差异甚大的款式组合在一起，形成强烈的视觉错位感（图 8-3-11）。

③残缺

对布料表面进行破坏性的结构处理，运用不规则的撕裂、破损、挖洞、开口等手法，体现出不确定性、无序性或未完成感，这是解构主义典型的审美观，它打破了服装的完整性，使残缺成为服装设计的表现手段之一。如今残缺设计已越来越成为时尚潮流。

④结构处理（图 8-3-12）

这是解构风格设计常用的手法之一。解构风格设计师认为结构是设计构思的源头所在，惟有结构的改变才能创造出新形象，所以他们注重对服装本身结构的研究，将结构处理置于款式、造型设计同等地位。通常通过不对称的结构处理，打散服装常规分割布局，用或叠加、或错位等方法，来创造一种全新的服装面貌。如 2008 年秋冬川久保玲通过对原有服装进行肢解、拆分、叠加来重新塑造服装新面貌的。另外 Martin Margiela 的设计中也时常参差着裸露的细节、打散的结构和不规整的造型。

4. 色彩

在色彩的运用上，主要有两大类：

①无彩色运用。大多以无彩色的黑为主，通过色彩的细微差异表现丰富层次，适当包括白、灰、深藏青、青色、褐色等作为点缀，山本耀司、Ann Demeulemeester 的设计即属此类（图 8-3-13）。

②无彩色之间、无彩色与纯色之间。在运用时往往采用对比形式，通过两种、三种性质差异较大的色彩形成强烈的明度对比或纯度对比效果，Martin Margiela 和川久保玲的设计可归于此类（图 8-3-14）。

5. 材质

解构主义风格女装对材质的类型无特别偏好，但材质却是解构主义风格女装设计的重要元素，是体现解构主义设计理念的载体。事实上，材质的解构过程同时能激发设计师的灵感，极大地拓展设计师的想象空间和创作视野。

材质在解构主义设计中表现为以下两方面：

①材质二次设计（图 8-3-15）

即基于现有面料的基础上进行再构思和再设计，通过对面料的再处理，使其产生区别于原来的异样效果。如在织造过程中，运用各种先进工艺对面料表面进行处理，使原本光洁、平滑的面料，取得诸如磨旧、磨破、褪色、起光、起毛、起皱、撕裂、不平整等效果，这已成为当代具前卫风格设计师的设计手法之一（图 8-3-16）。另外还可运用各种裁剪和制作工艺等技术手段同样对面料进行二次设计，如运用拼接、打褶、抽裥、镶滚、悬垂、叠加等手段将原本平整感的面料产生半立体、具不同肌理质感的效果，彻底改变原来面料的本性。三宅一生的 Pleats Please 即属此类。

对常规的服装面料进行再构思还可通过不同面料的相互穿插来体现，如轻薄的丝料覆盖于厚料表面能

图 8-3-15　1994 年 Kosuke Tsumura 设计的尼龙和拉链裙装

图 8-3-16　图为运用撕裂再造手法而作的设计

图 8-3-17　1991 年秋冬山本耀司设计的木质裙装

产生新的感官效果，其他像透视面料也有同样功效。

　　②材质错位（图 8-3-17）

　　即变换常规的材质使用手法，通过换位思考产生新的设计。设计师对材质的思考从未停止，在 20 世纪 60 年代末，设计师 Paco Rabana 曾以瓦楞纸、金属、木板等非常规材料设计服装，引起轰动，这是一次对服装材质的有益探索。现代时装设计已打破原有界线，不同领域的服装面料互相渗透，如厚重的毛皮与轻薄的真丝结合，别具匠心，汗衫布作为衬衫面料也是常见形式。而含有氨纶的面料常常用来做 T 恤和运动服等。当今具休闲风格的男女装采用拉链作为装饰已不鲜见，它突破了拉链的实用功能，而转化为装饰功能。

三、解构主义风格时装流行演变

　　80 年代，在建筑界解构思潮风起云涌之时，时装界也进行了解构主义探索，此时对解构手法的尝试还处于探索阶段。日本设计师川久保玲、山本耀司首先依据解构主义理论进行构思创作，设计出一系列惊世骇俗的作品。1982 年 10 月川久保玲和山本耀司在巴黎他们第二次的作品秀上首次推出了"乞丐服"的设计，根据面料的不同质地进行堆积、悬垂和包缠，对解构设计进行了最初尝试（图 8-3-18）。

　　90 年代解构主义风格呈蔓延趋势，各地新锐设计师纷纷采用此手法进行了大胆、具前卫性的试验，融入了更多的街头文化和中性元素。英国年轻设计师 Hussein Chalayan 的无袖衣设计、比利时设计师 Ann Demeulemeester 在 1998 年春夏时装展上推出解构风格的"空洞"系列均反映出强烈的解构主义倾向。同为安特卫普六人派的比利时设计师 Martin Margiela 往往喜好"翻旧出新"，彻底改变原有结构，在设计上加入自我的解构理念。这些造型新颖、脱离传统服装设计理念的时装在时装界引起轰动，它向讲究曲线美感的带结构性的西方传统审美提出挑战。

至 21 世纪，解构主义风格更加成熟，解构不单在款式上表现，更对穿着者的性别进行解构，设计的性别要素显得特别突出，如川久保玲（图 8-3-19）、Ann Demeulemeester 的作品。

四、解构主义风格时装作品分析

1. 街头混搭形式的解构主义风格设计（图 8-3-20）

传统西方服饰是合体型，以突出人体线条为设计重点。日本设计师川久保玲的设计颠覆了西方传统形式，她认为服装不应该是体现身段、吸引他人的工具，而是一种自我意识的体现。她以解构理念为基础，根据不同面料和不同质地，运用包裹、缠绕等形式，并与诸多街头服饰元素混搭，设计出造型独特的服装，如她推出的乞丐装和驼背装，以服装改变人们的传统审美，拓宽了设计思维。图 8-3-20 中这款是 2006 年秋冬的作品，一如既往的有着另类的解构理念。粉色的小礼服裙虽然完整，却不合常理悬挂在外套上，半遮半掩地与黑色男式西服配合，女性的甜美糅合在男子气的深沉中，这既是解构思潮的延续，又是川久保玲中性风的新表现。川久保玲同时解构了上装，中性化的西装款式只露出半片，与裙装组成有机的统一体。夸张的头饰也充满着解构因子，设计师以网眼、花饰和缎带这些女性化的材质和造型创造出另类和中性的设计。

2. 融入东西方服饰文化的解构主义风格设计（图 8-3-21）

日本设计师山本耀司的设计融合了东西方的着装理念，既有传统和服的影子，通过层叠、悬垂、包缠等工艺手段形成一种非固定结构的着装概念，表现出具有现代意识的前卫服装；又有西方流行于 20 世纪 90 年代的解构主义表现，他的解构主义服装设计肥大宽松，颠覆了传统西方追求曲线美的审美模式。山本常常将日本传统服饰进行解构，将日式的精髓一并表达，进而创造出全新设计。不对称的结构在其设计中屡见不鲜，呈现的是一种以破碎和缺陷为基调的服装魅力。在 2006 年秋冬山本耀司的 T 台上，他标志性的超大风格依然，披挂式的结构，形成硕大的廓型。在女装中融入男装的设计理念，再现女性帅气摩登的优雅中性。设计以解构方式进行，两件服装经组合成一体，经口袋露出的袖子、宽松与收腰结构、上下不齐的衣摆……经过结构的包装，一切就便展现出随意

图 8-3-18 1983 年春夏川久保玲推出的"乞丐服"

图 8-3-19 川久保玲 2007 年春夏的解构风格设计

图 8-3-20 川久保玲 2006 年秋冬设计

自然的别样风情，有点离奇让人产生视错。直线型的剪裁方式将东方服饰文化展露无遗。

3. 实验性的解构主义风格设计 (图 8-3-22)

比利时设计师 Martin Margiela 是一位解构主义大师，有修饰的褶边，随机地散口或被剪开，缝褶、里布等原本应该藏在里面的东西统统暴露在外，这些都是他早期实验性的经典细节。这些手法并不会让他的服装看上去粗糙，每一个细节的设计，都体现出他的精到。如今 Margiela 继续在穿着方式、材质运用等方面进行探索，其 2007 年春夏的作品设计延续 Margiela 一贯的试验性创作。作品非常规的款式，将左右两部分解构成不同的着装形态，却有机相连。设计师以一种像石膏模样肉色的材料，做出似模具压出来的弹性胸衣，而不是传统的缝制方法，创造出一种视错觉。款式上疑似泳衣和长裙的结合，色彩跳越，配上鲜红色围巾，有一种诙谐的效果，极具设计感，解构味道浓烈。

4. Hussein Chalayan (图 8-3-23)

英国新生代解构主义设计师 Hussein Chalayan 设计的服装以极简而不空洞、现代而不做作的风格著称。他的作品正在受到越来越多的关注，他的设计与流行无关，带有强烈的实验意味。他的设计意念成为了服装的卖点，为他赢得了市场。Hussein Chalayan 的设计充满了睿智、淡雅、素洁的、色彩上多用白色、灰色或是半透明色。Hussein Chalayan 最擅长把衣服做"乱"，层次乱、结构也乱，从 2007 年秋冬设计中就可以感受到这一风格。以解构形成的各衣片，包括肩带、裙片簇成新的几何图案，内搭的吊脖衫与外裙混在一起，分不清装饰与主体。他的装饰总以抽象为主，图案来源广泛，如气象图、飞行路线图、电路板图等。装饰性的元素是直接装点入服装之中，半透明中隐约出现的条纹、玫瑰花图案显得与众不同。裙子后幅使用波浪的皱折形成 A 字型，他至爱的无袖设计恰到好处地在领位、肩位塑造出令人印象深刻的线条。

5. 充满儿童本能的随意创作 (图 8-3-24)

新生代设计师永远能给时尚潮流带来别样思维方式，Simon Porte Jacquemus 这位前川久保玲助手，在他 2015 年秋冬设计中融合解构主义与超现实主义两种风格，创造出极其诡异的感觉。设计师解释说他希望能够重新捕捉到作为一个孩子的一些本能的感觉，"我就像小孩子会做的那样对夹克进行剪裁——有时候这种剪裁是奇怪的，一件上衣只有一半。我喜欢这种随意性。"就如这款设计，上装部分两侧缝入长长的衬衫袖子，而裤装似乎无意识剪掉一个裤腿，这种超乎寻常的解构形式反映了设计师童真般的即兴发挥。

图 8-3-21 山本耀司 2006 年秋冬设计　　图 8-3-22 Martin Margiela 2007 年春夏设计

图 8-3-23 Hussein Chalayan 2007 年秋冬设计　　图 8-3-24 Jacquemus2015 年秋冬设计

参考文献

［1］卞向阳．服装艺术判断［M］．北京：东华大学出版社，2006

［2］房龙．艺术的故事［M］．成都：四川美术出版社，2005

［3］丹纳．艺术哲学［M］．北京：人民文学出版社，1983

［4］（德）爱娃·海勒．色彩的性格［M］.2版，译．北京：中央编译出版社，2008

［5］陈洛加．外国美术史纲要［M］．重庆：西南师范大学出版社.2006

［6］史林．高级时装概论［M］．北京：中国纺织出版社，2002

［7］王昌建．现代西方艺术欣赏［M］．北京：中国电力出版社，2007

［8］李黎阳．波普艺术［M］．北京：人民美术出版社，2008

［9］张浩，郑嵘．时尚百年［M］．北京：中国轻工出版社，2001

［10］陈冠华．世界服饰词典［M］．上海：上海远东出版社，1996

［11］邬烈炎．解构主义［M］．南京：江苏美术出版社，2001

［12］张乃仁，杨蔼琪．外国服装艺术史［M］．北京：人民美术出版社，1992

［13］包铭新，曹喆．国外后现代服饰［M］．南京：江苏美术出版社，2001

［14］王受之．世界时装史［M］．北京：中国青年出版社，2002

［15］陈建辉．装饰［J］.2005（1）

［16］Vintage Fashion

［17］Charlotte Seeling.Fashion, KÖNEMANN, 1999

［18］The Kyoto Costume Institute.Fashion-A History from the 18th to the 20th Century, TASCHEN, 2004

［19］Judith Miller Sixties Style, New York.Dorling Kindersley, 2006

［20］Gerda Buxbaum.Icons of Fashion-20th Century, PRESTEL, 1999

［21］Colin McDowell.Fashion Today, PHAIDON, 2000

［22］Nick Yapp.1970's, KÖNEMANN, 1998

［23］Claire Wilcox.Vivienne Westerwood.V&A, 2004

［24］Maria Costantino.Men's Fashion in the 20th Century.Batsford, 1997

［25］Judith Miller.Sixties Style.Judith Miller, 2006

［26］Christopher Breward, David Gilbert and Jenny Lister.Swinging Sixties.V&A, 2006

［27］Maria Costantino.The 1930's.Batsford, 1991

［28］Patricia Baker.The 1940's.Batsford, 1993

［29］Patricia Baker.The 1950's.Batsford, 1991

［30］Yvonne Connikie.The 1960's.Batsford, 1990

［31］Jacqueline Herald.The 1970's.Batsford, 1992